Photoshop CC 2019 平面设计实例教程

詹建新　主　编

电子工业出版社
Publishing House of Electronics Industry
北京·BEIJING

内 容 简 介

本书是结合编者多年来的实际教学经验和十多年在模具公司生产一线的工作经验编写的,以实例教学的方式,详细讲解 Photoshop 的基本命令和基本操作,有利于提高学生的学习积极性。

全书共分 13 章,每章又分成若干实例。所有实例的内容深入浅出,都在课堂上经过学生反复验证,能激发学生的学习兴趣,深受学生喜爱。

未经许可,不得以任何方式复制或抄袭本书之部分或全部内容。
版权所有,侵权必究。

图书在版编目(CIP)数据

Photoshop CC 2019 平面设计实例教程 / 詹建新主编. —北京:电子工业出版社,2020.9
ISBN 978-7-121-38450-9

Ⅰ. ①P… Ⅱ. ①詹… Ⅲ. ①平面设计-图象处理软件-高等学校-教材 Ⅳ. ①TP391.413

中国版本图书馆 CIP 数据核字(2020)第 024477 号

责任编辑:郭穗娟
印　　刷:北京市大天乐投资管理有限公司
装　　订:北京市大天乐投资管理有限公司
出版发行:电子工业出版社
　　　　　北京市海淀区万寿路 173 信箱　邮编:100036
开　　本:787×1 092　1/16　印张:14.5　字数:368 千字
版　　次:2020 年 9 月第 1 版
印　　次:2020 年 9 月第 1 次印刷
定　　价:69.80 元(全彩)

凡所购买电子工业出版社图书有缺损问题,请向购买书店调换。若书店售缺,请与本社发行部联系,联系及邮购电话:(010)88254888,88258888。
质量投诉请发邮件至 zlts@phei.com.cn,盗版侵权举报请发邮件至 dbqq@phei.com.cn。
本书咨询联系方式:(010)88254502,guosj@phei.com.cn。

前言

  本书通过案例式教学模式，介绍平面设计中常用的软件 Photoshop CC 2019 的使用方法。本书以培养职业能力为核心，充分体现教育部强调的"一体化"职业教育教学特色，采用项目式教学，全书共 13 章，内容包括 Photoshop CC 2019 基础知识、设计证件照片、设计简单的平面图像、简单图像的合成、抠图的基本方法、创建艺术文字、修图的基本方法、图像调色处理的基本方法、基础操作实例、综合应用、常用设计实例、制作婚纱广告、制作电子相册/视频。

  本书提供实例素材，在素材中观看操作结果更直观。请联系作者（QQ:648770340）索取素材，或者登录华信教育资源网下载，网址：http://www.hxedu.com.cn。

  本书适合作为本科、高职高专院校平面设计及相关专业的教材，也可以作为 Photoshop 软件初学者的自学参考书。

编 者
2020 年 6 月

目录

第1章 Photoshop CC 2019 基础知识 ·················· 1

1.1　Photoshop 简介 ·················· 1
1.2　Photoshop CC 2019 工作界面 ·················· 1
　　1.　Photoshop CC 2019 工作界面的组成 ·················· 1
　　2.　调整 Photoshop 工作界面颜色的方法 ·················· 3
1.3　新建图像文件 ·················· 3
1.4　图像处理的基本概念 ·················· 4
　　1.　分辨率 ·················· 4
　　2.　位图与矢量图 ·················· 5
　　3.　色彩模式 ·················· 5
1.5　颜色设定 ·················· 6
1.6　常用文件保存格式 ·················· 8

第2章 设计证件照片 ·················· 10

2.1　替换照片背景颜色 ·················· 10
2.2　修补面部图像 ·················· 12
2.3　摆正头部图像 ·················· 13
2.4　制作一寸照片 ·················· 16
2.5　照片排版 ·················· 17

第3章 设计简单的平面图像 ·················· 20

3.1　工作证的设计 ·················· 20
3.2　信封的设计 ·················· 25
3.3　指示牌的设计 ·················· 28
3.4　包装盒的设计 ·················· 32
3.5　禁止标牌的设计 ·················· 34
3.6　保险标贴牌的设计 ·················· 35
3.7　绿色田园图案的设计 ·················· 37
3.8　蝴蝶结图案的设计 ·················· 38
3.9　齿轮垫片的设计 ·················· 41
3.10　高尔夫球的设计 ·················· 44
3.11　奥运五环图案的设计 ·················· 47
3.12　铭牌的设计 ·················· 49
3.13　花环的设计 ·················· 52
3.14　企业商标的设计 ·················· 54
3.15　圆管的设计 ·················· 56

第4章 简单图像的合成 ·················· 59

4.1　白宫图像与一群儿童图像的合成 ·················· 59
4.2　美女图像与油菜花背景图像的合成 ·················· 60

4.3 树林、天空、汽车和人物
　　 图像的合成 ………………… 61
4.4 汽车与树林图像的合成 ……… 64
4.5 窗外风景图像合成 …………… 65
4.6 合成照片 ……………………… 66
4.7 狮头和虎身图像合成 ………… 67
4.8 虎身人面图像的合成 ………… 68
4.9 橙子与足球图像合成 ………… 69
4.10 衣服图案合成 ……………… 69
4.11 水杯贴图 …………………… 70
4.12 给模特换衣服 ……………… 70
4.13 日历设计 …………………… 71

第5章 抠图的基本方法 ………… 75

5.1 使用路径方式抠图 …………… 75
　　1. 描绘鲤鱼 …………………… 75
　　2. 描绘苹果 …………………… 76
　　3. 描绘小鸟 …………………… 77
5.2 使用"魔棒工具"抠图 ……… 79
5.3 使用"快速选择工具"
　　抠图 ………………………… 81
5.4 使用"磁性套索工具"
　　抠图 ………………………… 82
5.5 使用"蒙版"抠图 …………… 82
　　1. 使用"快速蒙版"抠图 …… 83
　　2. 使用"矢量蒙版"抠图 …… 83
　　3. 使用"剪贴蒙版"抠图 …… 85
　　4. 使用"图层蒙版"抠图 …… 86
5.6 通过通道抠图 ………………… 86
5.7 使用"命令"抠图 …………… 89
5.8 色彩抠图 ……………………… 91
　　1. 单一颜色的色彩抠图 ……… 91
　　2. 背景是纯色的色彩抠图 …… 92
　　3. 背景是多种不同颜色的
　　　 色彩抠图 …………………… 92

第6章 创建艺术文字 …………… 96

6.1 动感文字 ……………………… 96
6.2 钛金文字 ……………………… 97
6.3 图案文字 ……………………… 98
6.4 斑点文字 ……………………… 98
6.5 滤镜库文字 …………………… 99
6.6 火焰文字 ……………………… 100
6.7 球面化文字 …………………… 101
6.8 立体文字 ……………………… 101
6.9 凹陷文字 ……………………… 102
6.10 凸型文字 …………………… 104
6.11 波浪文字 …………………… 106
6.12 倒影文字 …………………… 107
6.13 金属文字 …………………… 108
6.14 极坐标文字 ………………… 111
6.15 果冻文字 …………………… 113
6.16 墙壁广告文字 ……………… 114
6.17 沿路径排列文字 …………… 116
6.18 在路径内填充文字 ………… 118

第7章 修图的基本方法 ………… 119

7.1 <Delete>键的使用 …………… 119
7.2 污点修复画笔工具 …………… 121
7.3 橡皮擦工具 …………………… 122
7.4 仿制图章工具 ………………… 122
7.5 修复画笔工具 ………………… 123
7.6 图案图章工具 ………………… 124
7.7 "目标"修补工具 …………… 125
7.8 "源"修补工具 ……………… 125
7.9 液化滤镜工具 ………………… 126
7.10 镜头校正 …………………… 127
7.11 实例一：人物面部修理 …… 127
7.12 实例二：人物形体修理 …… 129

第 8 章 图像调色处理的基本方法 ……………… 130

8.1 添加渐变图层 …………… 130
8.2 色相/饱和度 ……………… 131
8.3 自然饱和度 ……………… 132
8.4 色彩平衡 ………………… 133
8.5 替换颜色 ………………… 133
8.6 匹配颜色 ………………… 134
8.7 使用"黑白"命令 ………… 135
8.8 使用"阈值"命令 ………… 137

第 9 章 基础操作实例 ……………… 139

9.1 浮雕 ……………………… 139
   1. 浮雕文字 ……………… 139
   2. 浮雕花纹 ……………… 139
   3. 浮雕头像 ……………… 140
9.2 图层 ……………………… 143
9.3 路径 ……………………… 146
   1. 设计邮票 ……………… 146
   2. 艺术边框 ……………… 147
9.4 通道抠图 ………………… 149
9.5 滤镜 ……………………… 151
   1. 实例一 ………………… 151
   2. 实例二 ………………… 152
   3. 实例三 ………………… 155
9.6 浮雕 ……………………… 157

第 10 章 综合应用 ……………… 159

10.1 拼图 …………………… 159
10.2 半透明鱼缸 …………… 163
10.3 光盘 …………………… 165
10.4 光盘包装盒 …………… 171
   1. 制作包装盒的正面 …… 171
   2. 制作包装盒的背面 …… 177
   3. 制作包装盒的侧脊 …… 181
   4. 制作包装盒的倒影效果 ………………… 185

第 11 章 常用设计实例 ……… 189

11.1 蛋糕盒设计 …………… 189
   1. 蛋糕盒平面图 ………… 189
   2. 蛋糕盒透视图 ………… 193
11.2 茶叶盒设计 …………… 197
   1. 茶叶盒平面图 ………… 197
   2. 茶叶盒透视图 ………… 201
11.3 教材封面设计 ………… 204
   1. 教材封面平面图 ……… 204
   2. 教材封面透视图 ……… 209

第 12 章 制作婚纱广告 ……… 212

第 13 章 制作电子相册/视频 ……… 221

第 1 章
Photoshop CC 2019 基础知识

本章介绍 Photoshop CC 2019 基本操作方法，从 Photoshop CC 2019 工作界面入手，认识工具属性、控制面板和命令，学习文档导航、撤销操作方法，以及 Photoshop CC 2019 高效运行技巧。

1.1 Photoshop 简介

Photoshop（简称"PS"）是由 Adobe 公司开发和发行的图像处理软件。Photoshop 主要处理由像素构成的数字图像，提供众多的编辑、修改与绘图工具，利用它可以有效地进行图像编辑。Photoshop 有很多功能，在图像、图形、文字、视频、出版等各方面都得到应用。2003 年，Adobe Photoshop 8 被更名为 Adobe Photoshop CS。2013 年 7 月，Adobe 公司推出了新版本的 Photoshop CC，自此，Photoshop CS6 作为 Photoshop CS 系列的最后一个版本被新的 CC 系列取代。2019 年 1 月，Photoshop CC 2019 成为市场最新版本。

1.2 Photoshop CC 2019 工作界面

1. Photoshop CC 2019 工作界面的组成

Photoshop CC 2019 工作界面由菜单栏、工具属性栏、标题栏、工具箱、控制面板、图像窗口、状态栏组成，如图 1-1 所示。

（1）菜单栏。菜单栏位于工作界面的上方，由"文件（F）""编辑（E）""图像（I）""图层（L）""文字（Y）""选择（S）""滤镜（T）""3D（D）""视图（V）""窗口（W）""帮助（H）"11 个菜单项组成，快捷键依次为 F、E、I、L、Y、S、T、D、V、W、H。每个菜单项下设置了多个菜单命令，菜单命令右侧标识了▶符号，表示该命令还有子命令；如果命令呈灰色，就表示该命令没有激活，或当前不可用。

（2）工具属性栏。工具属性栏位于工作界面的第二行，在菜单栏下面，它的内容随选择的工具而显示不同的内容。

（3）标题栏。标题栏位于工具属性栏的下面，用于显示图档的名称、缩放级别、排列文档、屏幕模式、颜色模式等。

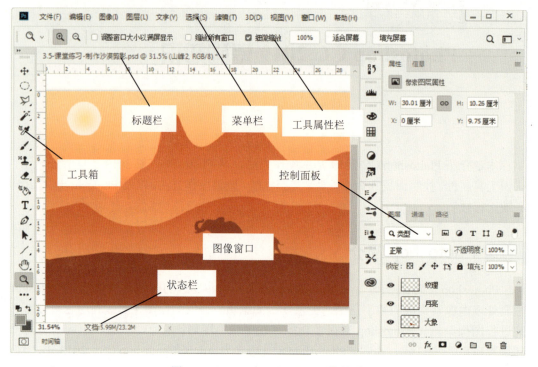

图 1-1　Photoshop CC 2019　工作界面

（4）工具箱。在默认情况下，工具箱位于工作界面的左侧。用户可以根据使用习惯，把工具箱调整到工作界面的右边。工具箱包含 Photoshop 的所有工具，在工具箱中收集了在图像处理过程中频繁使用的工具，可以用于绘制图像、修饰图像、创建选区、调整图像显示比例等。

工具箱是 Photoshop 最重要的板块之一，可以使用不同的工具，如套索、裁剪、历史记录画笔工具、橡皮擦工具、渐变工具、模糊工具、减淡工具、钢笔工具、横排文字工具、路径选择工具、矩形工具、抓手工具、缩放工具、前景色与背景色、以快速遮罩模式编辑、更改屏幕模式等。

单击工具箱顶部的"折叠"按钮 ，可以将工具箱中的按钮以双列方式排列；再次单击该按钮，则工具箱中的按钮以单列方式排列。

（5）控制面板（简称面板）。Photoshop 的控制面板一般分为两栏，第一栏的控制面板在默认情况下是隐藏的。单击右上角的按钮 或 ，即可选择打开或者隐藏控制面板。第二栏控制面板也可以被隐藏和扩展。

（6）图像窗口。图像窗口是工作界面的主要部分，也称为文档栏，是操作界面。

（7）状态栏。位于工作界面的下方，根据打开的文档不同，它显示的内容也不同，有文档大小、文档配置文件、文档尺寸、测量比例等项目供用户选择。

2. 调整 Photoshop 工作界面颜色的方法

先打开 Photoshop，在菜单栏中单击"编辑"→"首选项"→"界面"命令。在【首选项】对话框中选取"界面"，在"界面"栏中的设置里面找到"外观"，调整颜色，如图 1-2 所示。

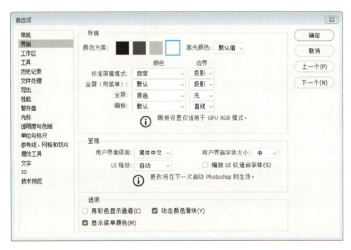

图 1-2 【首选项】对话框

1.3 新建图像文件

在菜单栏中依次单击"文件（F）"→"新建"命令，或者按<Ctrl+N>组合键，打开【新建文档】对话框，如图 1-3 所示。其中各个选项的含义如下。

图 1-3 【新建文档】对话框

（1）"预设计详细信息"。用于设置新建文件的名称，其中默认文件名为"未标题-1"。

（2）"您最近使用的项目"。用于设置新建文件的规格，在其中可选择 Photoshop 默认的规格、最近使用的规格、自定义的规格。

（3）"宽度"/"高度"。用于设置新建文件的宽度和高度，在其右侧的下拉列表中可以选取度量的单位，如"像素""英寸""厘米""毫米""点""派卡"等。

（4）"分辨率"。用于设置新建图像的分辨率，分辨率越高，图像品质越好，也越清晰。

（5）"颜色模式"。用于选择新建图像文件的色彩模式，有"位图""灰度""RGB 颜色""CMYK 颜色""LAB 颜色"等。在其右侧的下拉列表框中，还可以选择 8 位图像还是 16 位图像。

（6）"背景内容"。用于设置新建图像的背景颜色，系统默认的背景颜色是白色，还可以选择黑色，或者设置成其他颜色。

（7）"高级选项"。选择该项后，可以选择"颜色配置文件"和"像素长宽比"，这两个选项一般只在特殊情况下使用。

1.4 图像处理的基本概念

1. 分辨率

在设计中使用的分辨率有很多种，常用的有图像分辨率、显示器分辨率、输出分辨率和位分辨率 4 种。

（1）图像分辨率。图像分辨率是指图像中单位长度所包含像素的数目，常以像素/英寸（Pixel Per Inch，PPI）为单位。

图像分辨率越高，图像就越清晰。但过高的分辨率会使图像文件容量过大，对设备要求也会越高。因此，在设置分辨率时，应考虑所制作图像的用途。Photoshop 默认的图像分辨率是 72 像素/英寸，这是满足普通显示器的分辨率。下面是几种常用的图像分辨率：

① 发布于网页上的图像分辨率为 72 像素/英寸或 96 像素/英寸。

② 报纸图像分辨率通常设置为 120 像素/英寸或 150 像素/英寸。

③ 打印用的图像分辨率为 150 像素/英寸。

④ 彩版印刷用图像分辨率通常设置为 300 像素/英寸。

⑤ 大型灯箱用图像分辨率一般不低于 30 像素/英寸。

（2）显示器分辨率（屏幕分辨率）。显示器分辨率是指显示器中单位长度显示的像素（点）的数目，通常以点/英寸（Dot Per Inch）表示。常用的显示器分辨率有 1024 像素×768 像素（在长度方向上分布了 1024 个像素，在宽度方向上分布了 768 个像素）、800 像素×600 像素、640 像素×480 像素。个人计算机（PC）显示器的典型分辨率为 96 点/英寸，Mac 显示器的典型分辨率为 72 点/英寸。

正确理解显示器分辨率的概念，有助于理解屏幕上显示的图像大小经常与其打印尺寸不致的原因。在 Photoshop 中，图像像素直接转换为显示器像素，当图像分辨率高于显示器分辨率时，图像在屏幕上显示的尺寸比实际尺寸大。例如，当一幅分辨率为 72 像素/英寸的图像在 72 点/英寸的显示器上显示时，其显示范围是 1 英寸×1 英寸；而当图像分辨率为 216 像素/英寸时，图像在 72 点/英寸的显示器上的显示范围为 3 英寸×3 英寸。因为屏幕只能显示 72 像素/英寸，即它需要 3 英寸才能显示 216 像素的图像。

（3）输出分辨率。输出分辨率是指照排机或激光打印机等输出设备在输出图像时每英寸所产生的油墨点数，通常使用的单位也是点/英寸。PC 显示器的典型分辨率为 96 点/英寸，Mac 显示器的典型分辨率为 72 点/英寸。

为了获得最佳效果，应使用与照排机或激光打印机输出分辨率成正比（但不相同）的图像分辨率。大多数激光打印机的输出分辨率为 300~600 点/英寸，当图像分辨率为 72 像素/英寸时，其打印效果较好；高档照排机能够以 1200 点/英寸或更高精度打印，对 150~350 点/英寸的图像的打印效果较佳。

（4）位分辨率。位分辨率又称为位深，是用来衡量每个像素所保存颜色信息的位元数。例如，一个 24 位的 RGB 图像，表示其各原色 R、G、B 均使用 8 位，三者之和为 24 位。在 RGB 图像中，每一个像素均记录 R、G、B 三原色值，因此每一个像素所保存的位元数为 24 位。

2. 位图与矢量图

（1）位图。位图也称为点阵图（Bitmap Images），它是由像素组成的。对于 72 像素/英寸的分辨率而言，1 像素=1/72 英寸，1 英寸=2.54cm。位图图像与分辨率有关，因为分辨率是单位面积内所包含的像素数目。

（2）矢量图。矢量图是由数学公式定义的直线和曲线所组成的。矢量图与分辨率无关。

3. 色彩模式

（1）位图模式。位图（Bitmap）模式的图像又称为黑白图像，是用两种颜色值（黑色和白色）来表示图像中的像素的。其每一个像素都是用 1 位的位分辨率来记录色彩信息的，因此，所要求的磁盘空间最少。图像在转换为位图模式之前必须先转换为灰度模式，位图模式是一种单通道模式。

（2）灰度模式。灰度模式图像的每一个像素都是用 8 位的位分辨率来记录色彩信息的，因此可产生 256 级灰阶。灰度模式的图像只有明暗值，没有色相和饱和度这两种颜色信息。使用黑白和灰度扫描仪产生的图像常以灰度模式显示，灰度模式是一种单通道模式。

（3）RGB 模式。RGB 模式主要用于视频等发光设备，如显示器、投影设备、电视和舞台灯等。该模式包括三原色——红（R）、绿（G）、蓝（B），每种色彩都有 256 种颜色，每种色彩的取值范围是 0~255，这 3 种颜色混合可产生 16777216 种颜色。RGB 模式是一种加色模式（理论上），因为当 R、G、B 值均为 255 时，混合色为白色；均为

0时，混合色为黑色；均为相等数值时，混合色为灰色。换句话说，可把 R、G、B 理解成 3 盏灯，当这 3 盏灯都打开且为最大数值 255 时，即可产生白色；当这 3 盏灯全部关闭时，即黑色。在 RGB 模式下，所有滤镜均可用。

（4）CMYK 模式。CMYK 模式是一种印刷模式。该模式包括四原色——青（C）、洋红（M）、黄（Y）、黑（K），每种颜色的取值范围为 0%～100%。CMYK 模式是一种减色模式（理论上），人类的眼睛在理论上是根据减色的色彩模式来辨别色彩的。太阳光包括地球上所有的可见光，当太阳光照射到物体上时，物体吸收（减去）一些光，并把剩余的光反射回去，人类看到的就是这些反射光的色彩。例如，高原上的太阳紫外线很强，为了避免被灼伤，花以浅色和白色居多。白色的花表示没有吸收任何颜色；再如，自然界中黑色的花很少，因为花若是黑色的，就意味着它要吸收所有的光，就可能被灼伤。在 CMYK 模式下有些滤镜不可用，而在位图模式和索引颜色模式下所有滤镜均不可用。

在 RGB 模式和 CMYK 模式下，大多数颜色是重合的，但有一部分颜色不重合，该部分颜色就是溢色。

（5）Lab 模式。Lab 模式是一种国际标准色彩模式（理想化模式），与设备无关，其色域范围最广（理论上包括了人眼可见的所有色彩，可以弥补 RGB 模式和 CMYK 模式的不足），如图 1-4 所示。该模式有 3 个通道：L 代表亮度，取值范围为 0～100；a、b 代表色彩通道，取值范围为-128～+127。其中，a 代表从绿色到红色，b 代表从蓝色到黄色。Lab 模式在 Photoshop 中很少使用，其实它一直充当着中介的角色。例如，从 RGB 模式转换为 CMYK 模式时，实际上是先将 RGB 模式转换为 Lab 模式然后将 Lab 模式转换为 CMYK 模式的。

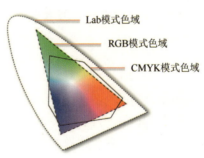

图 1-4　3 种模式的色域示意图

1.5　颜色设定

各种绘图工具画出的线条颜色是由工具箱中的前景色决定的，而橡皮擦工具擦除后的颜色则是由工具箱中的背景色决定的。前景色和背景色的设置方法如下：

（1）在默认状态下，前景色和背景色分别为黑色和白色。

（2）单击操作界面右上角的双箭头（或按键盘上的 X 键），可以实现前景色和背景色的切换。

（3）单击操作界面左下角的黑白双色标志（或按键盘上的 D 键），可以将前景色和背景色切换为默认状态下的黑白两色。

（4）单击前景色或者背景色图标，弹出【拾色器（前景色）】对话框，如图 1-5 所示。用鼠标指针在对话框左侧的色彩框中单击，会有圆圈出现在单击位置。在对话框的右上角就会显示当前选中的颜色，并且在对话框右下角出现其对应的数据，包括 RGB 模式、CMYK 模式、HSB 模式和 Lab 模式这 4 种不同的颜色描述模式，也可以在这里直接输入数字确定所需要的颜色。

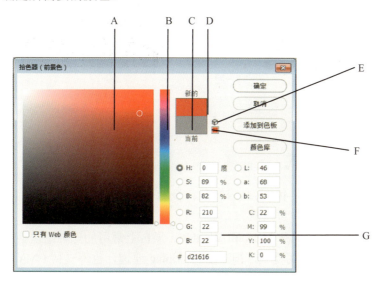

A—颜色选择区；
B—颜色导轨和颜色滑块，在滑块中确定了某种色相后，颜色选择区内则会显示出这一色相亮度从亮到暗，饱和度从强到弱的各种颜色；
C—当前选定的颜色；
D—以前选定的颜色；
E—错误警告，不是 Web 安全颜色；
F—单击该按钮，可以选择 Web 安全颜色；
G—颜色定义区，即颜色用数字的大小来控制。

图 1-5 【拾色器（前景色）】对话框

（5）可以通过右侧控制板中的【色板】面板改变前景色或者背景色，如图 1-6 所示。用户将一些经常使用的颜色保存在【色板】中，以使随时调出来使用。无论用户正在使用何种工具，只要将光标移动到【色板】面板上，光标就会变成吸管状。单击鼠标，就可以改变前景色。如果想在面板中增加颜色，可以用吸管工具在画面上选择颜色，鼠标指针移到【色板】面板上的空白处，将变成小桶的形状。此时，只要单击鼠标，就可以将颜色添加入【色板】面板了。

（6）可以通过【颜色】面板改变前景色或者背景色，如图 1-7 所示。将鼠标指针移动到颜色条上，鼠标指针就会变成吸管状。此时，单击鼠标，就可以改变前景色，可以单击【颜色】面板的弹出菜单，以选择不同的颜色模式。

图 1-6　【色板】面板　　　　　　　　图 1-7　【颜色】面板

1.6　常用文件保存格式

（1）PSD 格式。PSD 格式是 Photoshop 软件自身的格式，该格式可以存储 Photoshop 中所有的图层、通道和剪切路径等信息。

（2）BMP 格式。BMP 格式是 DOS 和 Windows 平台上常用的一种图像格式，它支持 RGB、索引颜色、灰度和位图模式，但不支持 Alpha 通道，也不支持 CMYK 模式的图像。

（3）TIFF 格式。TIFF 格式是一种无损压缩（采用的是 LZW 压缩）的格式，它支持 RGB、CMYK、Lab、索引颜色、位图和灰度模式，而且在 RGB、CMYK 和灰度 3 种颜色模式中还允许使用通道（Channel）、图层和剪切路径。

（4）JPEG 格式。JPEG 格式是一种有损压缩的网页格式，不支持 Alpha 通道，也不支持透明像素。当文件保存为该格式时，会弹出对话框提示用户，规定的 Quality 数值越高，图像品质就越好，文件容量也越大。该格式也支持 24 位真彩色的图像，因此适用于色彩丰富的图像。

（5）GIF 格式。GIF 格式是一种无损压缩（采用的是 LZW 压缩）的网页格式，支持 256 色（8 位图像），支持一个 Alpha 通道，支持透明像素和动画格式。目前，GIF 有两类：GIF87a（严格不支持透明像素）和 GIF89a（允许某些像素透明）。

（6）PNG 格式。PNG 格式是 Netscape 公司开发的一种无损压缩的网页格式。PNG 格式将 GIF 和 JPEG 格式最好的特征结合起来，它支持 24 位真彩色，支持透明像素和 Alpha 通道。PNG 格式不完全支持所有浏览器，所以在网页中的使用要比 GIF 格式和 JPEG 的使用少得多。但随着网络的发展和因特网传输速率的改善，PNG 格式将是未来网页中使用的一种标准图像格式。

（7）PDF 格式。PDF 格式可跨平台操作，可在 Windows、Mac OS、UNIX 和 DOS 环境下浏览（用 Acrobat Reader）。它支持 Photoshop 格式支持的所有颜色模式和功能，支持 JPEG 和 Zip 压缩（但使用 CCITT Group 4 压缩的位图模式的图像除外），支持透明，但不支持 Alpha 通道。

（8）Targa 格式。Targa 格式专门用于使用 True Vision 视频卡的系统，而且通常受 MS-DOS 颜色应用程序的支持。Targa 格式支持 24 位 RGB 图像（8 位×3 个颜色通道）和 32 位 RGB 图像（8 位×3 个颜色通道，外加一个 8 位 Alpha 通道）。Targa 格式也支持无 Alpha 通道的索引颜色和灰度图像。当以该格式保存 RGB 图像时，可选择像素深度。

第 2 章 设计证件照片

2.1 替换照片背景颜色

在不同场合使用的证件照片所需背景是不一样的,常用的有红色、蓝色和白色。本节介绍如何利用 Photoshop 为证件照片换背景颜色方法。

(1) 先打开本书配套素材照片文件 "2-1.png",其背景是窗户,如图 2-1 所示。

(2) 在界面右边的【图层】面板图层名称是 "背景",如图 2-2 所示。如果没有显示【图层】面板,请在菜单中单击 "窗口"→"图层" 命令,就可打开【图层】面板。

图 2-1　打开原图　　　　　　　　图 2-2　图层名称是 "背景"

(3) 双击 "背景" 图层,在【新建图层】对话框中选用默认值,单击 "确定" 按钮,图层名称被改为 "图层 0",如图 2-3 所示。

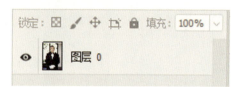

图 2-3　图层名称被改为 "图层 0"

(4) 在界面左边的工具箱中单击 "快速选择工具" 按钮 ,如图 2-4 所示。

(5) 按住鼠标左键,在证件照片的蓝色背景上拖动光标,如果虚线轮廓不小心被拖到人物轮廓的内侧(见图 2-5),按住<Alt>键,然后按住鼠标左键把虚线轮廓调整到人物轮廓的边缘,使虚轮廓线框住人物的轮廓,如图 2-6 所示。

第 2 章 设计证件照片

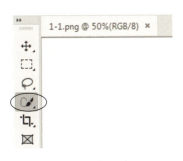

图 2-4 单击"快速选择工具"按钮　　　图 2-5 虚线轮廓被拖到人物轮廓的内侧

（6）人物轮廓选定之后，在菜单栏中选取"选择→反向"命令，矩形轮廓线消失，选中人物的轮廓，如图 2-7 所示。

（7）按住<Ctrl+J>组合键进行复制，系统自动创建"图层 1"，并把人物图像粘贴到"图层 1"中，如图 2-8 所示。

图 2-6 使虚线轮廓　　图 2-7 选中人物的轮廓　　图 2-8 把人物图像粘贴到"图层 1"中
框住人物的轮廓

（8）在工作区左侧的工具箱底部单击"前景色"按钮，然后在【拾色器（前景色）】对话框中的 R、G、B 文本框中分别输入 255、0、0，前景色变成红色。【拾色器（前景色）】对话框参数设置如图 2-9 所示。

前景色按钮

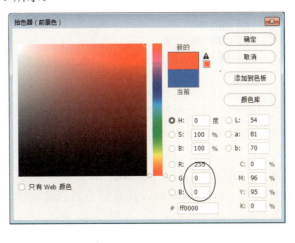

图 2-9 【拾色器（前景色）】对话框参数设置

11

（9）先在【图层】面板中选取"图层 0"，然后按住<Alt+Delete>组合键，图像的背景变成红色，如图 2-10 所示。

2.2 修补面部图像

（1）在操作界面右边工具箱的底部，单击"缩放工具"按钮，如图 2-11 所示。按住鼠标左键，拖动光标，将人物脸部放大。此时，可以看出脸部有一些污点。

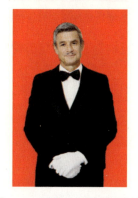

图 2-10　图像的背景变成红色

图 2-11　单击"缩放工具"按钮

（2）在工具箱中单击"污点修复画笔工具"按钮，如图 2-12 所示。

（3）如果需要调整光标圆形的大小，通过按键盘上的"["或"]"键，就可以缩小或放大光标圆形。如果该键失效，请在图 2-13 中单击"30"右边的"〜"符号，将"大小"设为 5 像素，即可将光标圆形缩小。

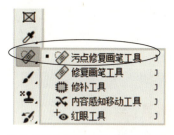

图 2-12　单击"污点修复画笔工具"按钮

图 2-13　调整光标圆形的大小

（4）先在【图层】面板中选中"图层 1"，再涂抹脸部污点所在位置，如图 2-14 所示。清除污点后的效果如图 2-15 所示。

（5）采用相同的方法，涂抹脸部皱纹的位置，就可清除脸部的皱纹，如图 2-16 所示。

（6）选取"仿制图章工具"按钮，如图 2-17 所示。

（7）修补眉毛。按住<Alt>键，在有眉毛的位置取样。取样后松开<Alt>键，在无眉毛的位置拖动光标，就可添加眉毛，如图 2-18 所示。

图 2-14　涂抹脸部污点所在位置　　图 2-15　清除脸部污点后的效果　　图 2-16　清除脸部的皱纹

（8）清除胡须。选取"修复画笔工具" 按钮，先按<Alt>键，在脸上没有胡须的位置取样后，再松开<Alt>键。然后在胡须位置拖动光标，可以清除脸上的胡须，如图 2-18 所示。

（9）加深头发颜色。选取"仿制图章工具" 按钮，先按<Alt>键，在头发颜色较黑的位置取样后，再松开<Alt>键。然后在头发较白的位置单击鼠标，就可以使头发变黑，如图 2-19 所示。

图 2-17　"仿制图章工具"按钮　　图 2-18　修补眉毛、清除胡须　　图 2-19　加深头发颜色

（10）清除眼袋。该图像人物的眼皮周围有一圈黑色，形成眼袋，可以按以下步骤清除：在工具箱中选取"修补工具"按钮 ，在工具属性栏中选取"源"选项，用鼠标沿眼袋处画出一个区域；如图 2-20 中上面的区域，再把选区拖到正常位置，如图 2-20 下面的区域，即可使眼袋消失。

（11）在工具箱中选取"减淡工具"按钮 ，涂抹脸部颜色较深的位置，可以使颜色变淡；如果选取"加深工具"按钮 ，用于涂抹脸部颜色较浅的位置，可以使颜色加深。

2.3　摆正头部图像

（1）本例所用头部图像有点歪，可以按以下步骤摆正：单击"快速选择工具"按钮 ，配合<Shift>键和<Alt>键的使用，选取颈部以上的图像作为选区，如图 2-21 所示。

（2）按<Ctrl+J>组合键进行复制，系统自动创建"图层 2"，并把头部的图像粘贴到

"图层 2"中。

（3）按住<Ctrl>键，单击"图层 2"的缩览图，选取头部图像作为选区。

（4）单击"图层 2"前面的"指示图层可见性"按钮 👁，隐藏"图层 2"的头像。

（5）在【图层】面板中选中"图层 1"，按<Delete>键，删除选区中的头像，但头像的周围还有一圈痕迹。选取"画笔工具"，涂抹这一痕迹，使头像区域变成红色，如图 2-22 所示。

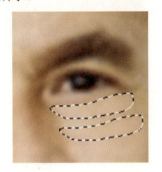

图 2-20　清除眼袋

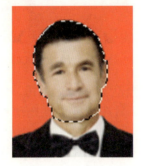

图 2-21　选取颈部以上的
图像作为选区

图 2-22　使头像区域
变成红色

（6）在工具箱中选取"画笔工具"按钮 🖌，涂抹头像周围残留的痕迹，使之变成红色，如图 2-23 所示。

（7）单击"图层 2"前面的方框"□"，使"图层 2"前面出现"指示图层可见性"按钮 👁，以显示"图层 2"的头像。

（8）选中"图层 2"，然后在工具箱中选取"移动工具"按钮 ✥，拖动角位上的控制点，使头像摆正。此时，头像没有与颈部很好地连接在一起，存在一条明显的"裂缝"，如图 2-24 所示。

图 2-23　将头像周围的痕迹变成红色

图 2-24　头像没有与颈部连接在一起

（9）根据需要，按键盘上的 4 个方向键"→""↑""←""↓"，使头像与颈部基本吻合，如图 2-25 所示。

（10）选中"图层 1"和"图层 2"，按<Ctrl+E>组合键，将两个图层合并，把合并后的图层名称设为"图层 1"。

(11)选取"仿制图章工具"![](按钮,先按住<Alt>键,在皮肤颜色正常的位置取样后,再松开<Alt>键。然后,在颈部与头像的连接处单击鼠标,消除头像与颈部的"裂缝",如图 2-26 所示。

(12)下巴有一处鼓起,按以下步骤进行清除:单击"仿制图章工具"![](按钮,先按住<Alt>键,在下巴正常的位置取样后,再松开<Alt>键。然后在下巴鼓起的位置拖动光标,使该处恢复正常,修补下巴之后的效果如图 2-27 所示。

图 2-25　头像与颈部基本吻合　　图 2-26　消除头像与颈部的"裂缝"　　图 2-27　修补下巴之后的效果

(13)在【图层】面板中选中"图层 1",按<Ctrl+E>组合键,合并"图层 1"和"图层 0"。

(14)在菜单栏中单击"滤镜"→"液化"命令,在【液化】对话框右边栏单击"显示背景"前面的方框"□",使方框中出现"√";对"使用"选取"所有图层",对"模式"选取"前面",把"不透明度"设为 100%,如图 2-28 所示。

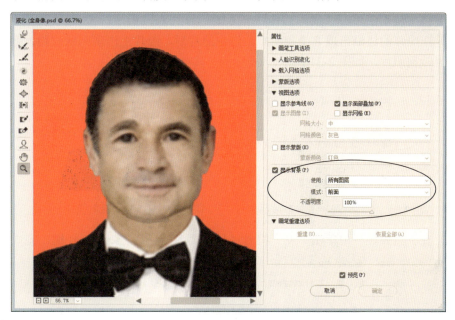

图 2-28　设置"显示背景"

（15）展开【人脸识别液化】设置面板，通过调整滑块的位置，可以调整眼睛、鼻子、嘴唇的大小、高度、宽度等。使用【液化】对话框中左边的"脸部工具"按钮，可以对脸型、鼻子、嘴唇等进行处理，如图2-29所示。

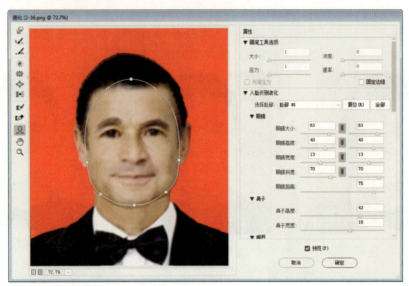

图2-29　设置【液化】对话框参数

2.4 制作一寸照片

（1）在工具箱中单击"裁剪工具"按钮 ，如图2-30所示。

（2）在照片的边沿出现8个控制点，选中照片后，照片上出现网状纹路。拖动控制点，即可裁剪照片，如图2-31所示。

图2-30　单击"裁剪工具"按钮

图2-31　裁剪照片

（3）在工具属性栏中单击"√"符号（见图2-32），或者按<Enter>键，完成裁剪。

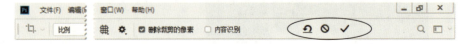

图2-32　单击"√"符号

（4）在菜单栏中单击"图像"→"图像大小"命令，在【图像大小】对话框中单击"限制长宽比"按钮 ，使其变为"不约束长度比符号"；把"宽度"值设为 2.5，"高度"值设为 3.8，单位为厘米，其他参数不变，如图 2-33 所示。

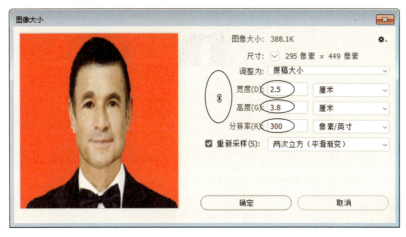

图 2-33　【图像大小】对话框参数设置

（5）单击"确定"按钮，完成设定。

2.5　照片排版

（1）在菜单栏中单击"图像"→"画布大小"命令，在【画布大小】对话框中把"宽度"值设为 20，"高度"值设为 7.6，单位为厘米，如图 2-34 所示。

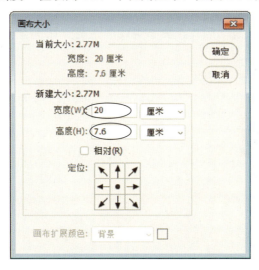

图 2-34　设定画布大小

（2）单击"确定"按钮，画布变大，如图 2-35 所示。

图 2-35　画布变大

（3）在工具箱中单击"移动工具"按钮✥，把照片移至画布的左上角，如图 2-36 所示。

图 2-36　把照片移到画布的左上角

（4）按住<Alt>键，拖动照片，画布中就产生另一张完全一样的照片，如图 2-37 所示。

图 2-37　复制照片

（5）重复拖动照片，直至生成一行同样的照片为止，如图 2-38 所示。

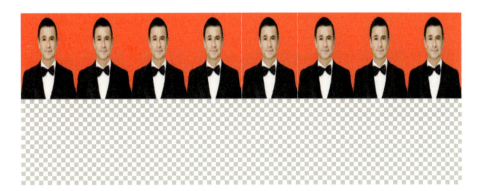

图 2-38　生成一行同样的照片

（6）在【图层】面板中选取所有图像的图层，单击鼠标右键，在弹出的快捷菜单中单击"合并图层"命令。

（7）在【图层】面板中选取合并后的图层，按<Ctrl+J>组合键，复制新的图层。

（8）在工具箱中单击"移动工具"按钮，移动照片并排成两行，如图 2-39 所示。

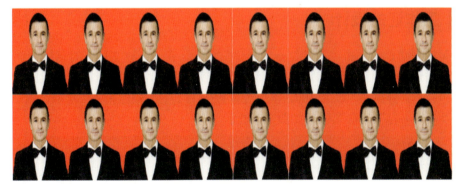

图 2-39　移动照片并排成两行

第 3 章

设计简单的平面图像

本章以几个简单的平面图像为例,详细介绍 Photoshop CC 2019 中的一些基本命令与设计流程。

3.1 工作证的设计

(1)在菜单栏中单击"文件"→"新建"命令,在【新建文档】对话框中选取"自定",把"预设详细信息"设为"工作证","宽度"值设为 16,"高度"值设为 12,单位为厘米;把"分辨率"设为 300,单位为像素/英寸。对"颜色模式"选取"RGB 颜色,8 位","背景内容"选取黑色,如图 3-1 所示。

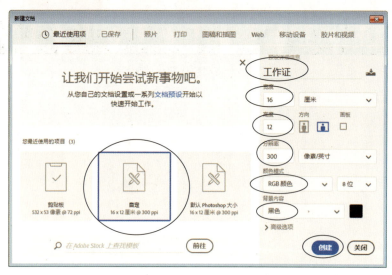

图 3-1 设置【新建文档】对话框参数

(2)单击"创建"按钮,创建一个新文件,此时桌面是黑色的。
(3)在操作界面左边的工具箱下方,单击"默认前景色和背景色"按钮,使前景色和背景色分别设置为默认的黑色和白色，如图 3-2 所示。

（4）在操作界面左边的工具箱下方，单击"切换前景色和背景色"按钮，使前景色为黑色，背景色为白色，如图 3-2 所示。

图 3-2　使前景色为黑色，背景色为白色

（5）在工具箱中单击"矩形选框工具"按钮，如图 3-3 所示。

（6）在【图层】面板中单击"创建新图层"按钮，创建"图层 1"，如图 3-4 所示。

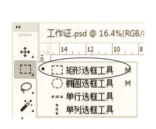 

图 3-3　单击"矩形选框工具"按钮　　　　图 3-4　创建"图层 1"

（7）在工具设置栏中对"样式"选取"固定大小"，把"宽度"值设为 6，"高度"值设为 8，单位为厘米，如图 3-5 所示。

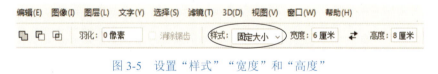

图 3-5　设置"样式""宽度"和"高度"

（8）在界面的适当位置单击鼠标左键，绘制一个虚线矩形选区。

（9）按<Ctrl+Delete>组合键，把矩形选区填充为白色，如图 3-6 所示。

提示：若按<Alt+Delete>组合键，则矩形选区被填充为前景色；若按<Ctrl+Delete>组合键，则矩形选区被填充为背景色。

（10）在【图层】面板中单击"创建新图层"按钮，创建"图层 2"，如图 3-7 所示。

（11）在工作区左侧的工具箱底部单击"前景色"按钮，然后在【拾色器（前景色）】

对话框的 R、G、B 文本框中分别输入 255、0、0，前景色就变成红色。

（12）先在【图层】面板中选中"图层 2"，然后在工具箱中单击"矩形选框工具"按钮。

图 3-6　矩形选区填充为白色

图 3-7　创建"图层 2"

（13）在工具设置栏中对"样式"选取"固定大小"，把"宽度"设为 4cm，"高度"设为 0.5cm。

（14）在界面中的适当位置单击鼠标左键，绘制一个虚线矩形选区。然后按住<Alt+Delete>组合键，将其填充为红色，如图 3-8 所示。

（15）在工作区左侧的工具箱底部单击"前景色"按钮，然后在【拾色器（前景色）】对话框的 R、G、B 文本框中分别输入 0、255、0，前景色就变成蓝色。

（16）在工具箱中单击"横排文字工具（T）"按钮，如图 3-9 所示。

（17）在工具设置栏中对字体选取"黑体"，把设为 24 点。设置完毕，输入"工作证"，并把这 3 个字的下半部分移入红色框内，如图 3-10 所示。

图 3-8　把虚线矩形选区
填充为红色

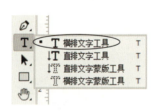

图 3-9　单击"横排文字
工具（T）"按钮

图 3-10　输入"工作证"并把
这 3 个字的下半部分移入
红色框内

（18）在【图层】面板中选取"工作证"图层，然后，在菜单栏中单击"图层"→"栅格化"→"文字"命令，把文字图层转为普通图层。

（19）按住<Ctrl>键，在【图层】面板中单击"图层 2"的缩览图，选中红色区域。这时红色区域出现矩形选区，如图 3-11 所示。

（20）在【图层】面板中选取"工作证"图层，然后，在菜单栏中单击"图像"→"调整"→"反相"命令。此时，文字在矩形选区中的部分颜色发生变化，形成两种颜色的文字，如图 3-12 所示。

（21）按住<Ctrl+D>组合键，取消选区。

（22）单击"直线工具"按钮，如图 3-13 所示。

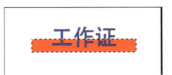

图 3-11　选中红色区域

图 3-12　两种颜色的文字

（23）在工具设置栏中把"粗细"设为"8 像素"，如图 3-14 所示。

图 3-13　单击"直线工具"按钮

图 3-14　把"粗线"设为"8 像素"

（24）按住<Shift>键，绘制一条水平线，如图 3-15 所示。

（25）在【图层】面板中单击"创建新图层"按钮，创建"图层 3"。

（26）先在工具箱中单击"矩形选框工具"按钮，然后在工具设置栏中对"样式"选取"固定大小"；把"宽度"设为 1.2cm，"高度"设为 2cm。

（27）在界面中的适当位置单击鼠标左键，绘制一个虚线矩形选区，如图 3-16 所示。

（28）在菜单栏中单击"编辑"→"描边"命令，在【描边】对话框中把"宽度"设为"2 像素"、"颜色"设为黑色；对"模式"选取"正常"，把"不透明度"设为 100%，如图 3-17 所示。

图 3-15　绘制一条水平线

图 3-16　绘制一个虚线矩形选区

图 3-17　设定【描边】对话框参数

（29）单击"确定"按钮，虚线框变成实线框。

（30）按<Ctrl+D>组合键，取消选区。

（31）在工具箱中单击"直排文字工具（T）"按钮，参考图 3-9。

(32) 在工具设置栏中对"字体"选取"仿宋",把"大小"设为"12 点",对"颜色"选取黑色,如图 3-18 所示。

图 3-18 设置"字体""大小"和"颜色"

(33) 在矩形框中输入"贴照片处",如图 3-19 所示。

(34) 在工具箱中单击"横排文字工具(T)"按钮,在其他位置输入"部门:开发部""姓名:张三""职务:部长""公司名称:新概念设计公司""公司地址:北京路 286 号",如图 3-19 所示。

图 3-19 在矩形框输入"贴照片处"4 个字和其他文字

(35) 在【图层】面板中选取"图层 1",然后单击【图层】面板下方的"添加图层样式"按钮。在弹出的快捷菜单中选取"描边"命令,在【图层样式】对话框中把"大小"设为 10 像素,对"位置"选取"内部"、"混合模式"选取"正常"、"颜色"选取(0,225,0),如图 3-20 所示。

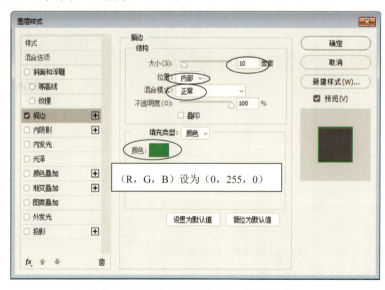

图 3-20 设置【图层样式】对话框参数

(36)单击"确定"按钮,在图像的外围添加一个边框,如图 3-19 中的绿色边框。

3.2 信封的设计

(1)创建一个新文件,把"预设详细信息"设为"信封","宽度"设为 16cm,"高度"设为 12cm,"分辨率"设为 300 像素/英寸;对"颜色模式"选取"RGB 颜色,8 位","背景内容"选取黑色。

(2)先单击"默认前景色和背景色"按钮 ,再单击"切换前景色和背景色"按钮 ,使前景色为黑色,背景色为白色。

(3)在【图层】面板中单击"创建新图层"按钮 ,创建"图层 1"。

(4)在工具箱中单击"矩形选框工具"按钮 ,在工具设置栏中对"样式"选取"固定大小",把"宽度"设为 12cm、"高度"设为 6cm。

(5)在界面的适当位置单击鼠标左键,绘制一个虚线矩形选区。然后按<Alt+ Delete>组合键,将虚线矩形选区填充为白色,如图 3-21 所示。

(6)先在【图层】面板中选中"图层 1",然后按住<Ctrl+J>组合键,复制图层 1,创建"图层 1 拷贝"。【图层】面板参数设置如图 3-22 所示。

图 3-21　将虚线矩形选区填充为白色

图 3-22　【图层】面板参数设置

(7)双击"图层 1 拷贝",把它改名为"图层 2"。

(8)单击"前景色"按钮,分别设定前景色的 R、G、B 值为 150、150、150。

(9)先按住<Ctrl>键,再单击"图层 2"的缩览图,界面中出现虚线框。然后按住<Alt+Delete>组合键,将虚线框填充为灰色,如图 3-23 所示。

(10)按住<Ctrl+T>组合键,灰色的选区出现 8 个白色的控制点。

(11)先按住<Shift>键,再用鼠标按住左侧中间的控制点并向右拖动,将灰色区域拖到白色区域的右侧,如图 3-24 所示。

图 3-23　将虚线框填充为灰色

图 3-24　将灰色区域拖到白色区域的右侧

（12）在菜单栏中单击"编辑"→"变换"→"斜切"命令，拖动左侧上、下两个控制点，把灰色区域调整为梯形，如图3-25所示。

（13）在工具箱中单击"移动工具"按钮 ，把灰色区域移至白色区域的右侧，如图3-26所示。

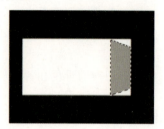

图3-25　将灰色区域调整为梯形

图3-26　将灰色区域移至白色区域的右侧

（14）在【图层】面板中单击"创建新图层"按钮 ，创建"图层3"。

（15）在工具箱中单击"矩形选框工具"按钮 ，然后在工具设置栏中对"样式"选取"固定大小"，把"宽度"值设为0.6、"高度"值设为0.6，单位为厘米。

（16）在白色区域的左上角单击鼠标左键，绘制一个虚线矩形选区，如图3-27所示。

（17）在菜单栏中单击"编辑"→"描边"命令，在【描边】对话框中把"宽度"设为"1像素"，"颜色"的R、G、B分别设为255、0、0；对"模式"选取"正常，把"不透明度"设为100%，参考图3-17。

（18）单击"确定"按钮，矩形选区变为红色框，如图3-28所示。

图3-27　绘制一个虚线矩形选区

图3-28　矩形选区变为红色框

（19）按住<Ctrl+D>组合键，取消选区。

（20）先在【图层】面板中选中"图层3"，然后在工具箱中选取"移动工具"按钮 。按住<Ctrl+Alt>组合键，拖动红色的方框，生成第2个矩形框。

（21）再连续按4次<Ctrl+Shift+Alt+T>组合键，共生成6个红色矩形框，如图3-29所示。

（22）先在【图层】面板中选中6个矩形框所在的图层，单击鼠标右键，在弹出的快捷菜单中单击"合并图层"命令。把6个红色矩形框的图层合并成一个图层，把合并后的图层命名为"图层3"。

（23）先在【图层】面板中选中"图层3"，然后在工具箱中选取"移动工具"按钮 。按住<Ctrl+Alt>组合键，拖动6个矩形框，把它们复制并移至信封右下角，如图3-30所示。

图 3-29　生成 6 个红色矩形框　　　　图 3-30　把复制的 6 个矩形框移至信封右下角

（24）将复制的图层改名为"图层 4"，并创建"图层 5"，【图层】面板的排列情况如图 3-31 所示。

（25）在工具箱中单击"矩形选框工具"按钮，在工具设置栏中的对"样式"选取"固定大小"；把"宽度"设为 1.2cm、"高度"设为 1.2cm。

（26）在界面的适当位置单击鼠标左键，绘制一个虚线矩形选区。

（27）在菜单栏中单击"编辑"→"描边"命令，在【描边】对话框中把"宽度"设为"1 像素"，把"颜色"的 R、G、B 分别设为 0、0、0；对"模式"选取"正常，把"不透明度"设为 100%。

（28）单击"确定"按钮，虚线框变成实线框，并把实线框拖至信封右上角，如图 3-32 所示。

（29）按住<Ctrl+D>组合键，取消选区。

图 3-31　【图层】面板的排列情况　　　图 3-32　绘制实线框并把它拖至信封右上角

（30）单击"直线工具"按钮，按住<Shift>键，在信封上的任一位置绘制一条水平线，如图 3-33 所示。

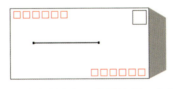

图 3-33　在信封上任一位置绘制一条水平线

（31）在工具设置栏中选取"形状"，对"填充"选取"无颜色"按钮，把"描边"设为"1 像素"；选取"虚线"选项，把"W"（宽度）设为 1.2 厘米、"H"（高度）设为 1.2 厘米，如图 3-34 所示。

图 3-34　设置直线形状

（32）按<Enter>键，所绘制的水平线变为虚线框，如图 3-35 所示。

（33）先在【图层】面板中选中"形状 1 图层"，然后在工具箱中选取"移动工具"按钮 。根据需要，按住键盘上的方向键"→""↑""←""↓"，把虚线框移至实线框的左边，如图 3-36 所示。

图 3-35　绘制虚线框　　　　　　　　　　图 3-36　把虚线框移至实线框的左边

（34）先在【图层】面板中选中"图层 1"，再单击"直线工具"按钮 ；在工具设置栏中选取"形状"，对"填充"选取"纯色"按钮 ，把"描边"设为"0 像素"；选取"实线"按钮 ，把"粗细"值设为 0.05 厘米，如图 3-37 所示。

图 3-37　设置"描边"等相关参数

（35）按住<Shift>键，在信封上的任一位置绘制一条水平线。此时，可能在操作界面中看不到这条水平线。

（36）在【图层】面板中把"形状 2"图层移到第一行，即可显示该条直线。如图 3-38 所示。

（37）先在【图层】面板中选中"形状 2"，然后在工具箱中选取"移动工具"按钮 。根据需要，按住键盘上的方向键"→""↑""←""↓"，把水平线移至合适的位置。

（38）采用相同的方法，绘制另外两条水平线。绘制好的 3 条水平线如图 3-39 所示。

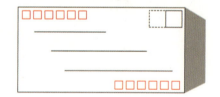

图 3-38　把"形状 2"图层移到第一行　　　　图 3-39　绘制好的 3 条水平线

3.3　指示牌的设计

（1）创建一个新文件，把"预设详细信息"设为"指示牌"、"宽度"设为 20cm、"高度"设为 16cm、"分辨率"设为 300 像素/英寸，对"颜色模式"选取"RGB 颜色，8 位"、"背景内容"选取"黑色"，把前景色设为白色。

（2）在【图层】面板单击"创建新图层"按钮 ，创建"图层 1"。

(3) 在工具箱中单击"前景色"按钮,在【拾色器(前景色)】对话框的 R、G、B 文本框中分别输入 255、0、0,使前景色变成红色。

(4) 在工具箱中单击"矩形选框工具"按钮 ,在工具设置栏中对"样式"选取"固定大小",把"宽度"设为 10cm、"高度"设为 5cm。

(5) 在界面的适当位置单击鼠标左键,绘制一个虚线矩形选区。然后按<Alt+Delete>组合键,将矩形选区填充为红色,如图 3-40 所示。按<Ctrl+D>组合键,取消选区。

(6) 单击"前景色"按钮,设定前景色的 RGB 值使之分别为 150、150、150。

(7) 先在【图层】面板中选中"图层 1",然后按<Ctrl+J>组合键,复制图层 1,创建"图层 1 拷贝"。【图层】面板参数设置如图 3-41 所示。

图 3-40　将矩形选区填充为红色

图 3-41　【图层】面板参数设置

(8) 先按住<Ctrl>键,再单击"图层 1 拷贝"的缩览图,界面出现虚线框,按住<Alt+Delete>组合键,将虚线框填充为灰色,如图 3-42 所示。

(9) 按住<Ctrl+T>组合键,灰色的选区就出现 8 个白色的控制点。

(10) 按住<Shift>键,同时用鼠标按住右侧中间的控制点并把它向左拖动,将灰色区域拖到红色区域的左侧,如图 3-43 所示。

图 3-42　将虚线框填充为灰色

图 3-43　将灰色区域拖到红色区域的左侧

(11) 在菜单栏中单击"编辑"→"变换"→"斜切"命令,拖动左侧的上、下两个控制点,将左侧灰色区域拖动成梯形,如图 3-44 所示。

(12) 重复步骤(6)~(11),在上方、下方、右方各创建一个灰色区域,如图 3-45 所示。

(13) 在【图层】面板中单击"创建新图层"按钮 ,创建"图层 2"。

(14) 在工具箱中单击"矩形选框工具"按钮 ,在工具设置栏中对"样式"选取"正常",如图 3-46 所示。

图 3-44 将左侧灰色区域拖动成梯形

图 3-45 在上方、下方、右方各创建一个灰色区域

图 3-46 对"样式"选取"正常"

（15）在操作界面的适当位置单击鼠标左键，绘制一个虚线矩形选区，如图 3-47 所示。

（16）在工具箱中选取"渐变工具"按钮 ，如图 3-48 所示。

图 3-47 绘制一个虚线矩形选区

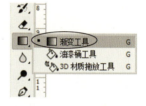
图 3-48 选取"渐变工具"按钮

（17）在工具设置栏中选取"铜色渐变"选项和"线性渐变"选项，如图 3-49 所示。

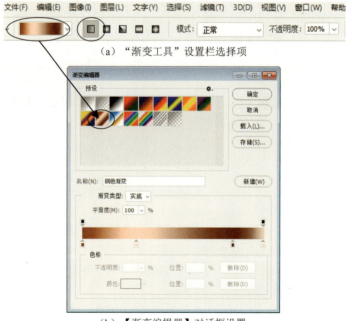

（a）"渐变工具"设置栏选择项

（b）【渐变编辑器】对话框设置

图 3-49 "渐变工具"设置栏选择项和【渐变编辑器】对话框设置

(18) 在矩形选区拖出一条水平线，如图 3-50 所示。

(19) 给虚线矩形框填充铜色，如图 3-51 所示。

(20) 在【图层】面板中将"图层 2"拖到"背景"和"图层 1"之间，如图 3-52 所示。

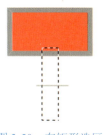

图 3-50　在矩形选区拖出一条水平线　　　图 3-51　给虚线矩形框填充铜色　　　图 3-52　把"图层 2"拖到"背景"和"图层 1"之间

(21) 红色的矩形选区位于铜色的手柄之前，如图 3-53 所示。

(22) 输入文字"欢迎光临"，对"字体"选取"宋体"，把"大小"设为"36 点"。如果看不到输入的文字，可在【图层】面板中把"欢迎光临"的图层移至顶层，就能看到所输入的文字，如图 3-54 所示。

(23) 在工具箱中选取"自定形状工具"按钮 ，如图 3-55 所示。

图 3-53　红色的矩形选区位于铜色的手柄之前　　　图 3-54　输入的文字　　　图 3-55　选取"自定形状工具"按钮

(24) 在工具设置栏中选取"形状"，对"填充"选取"黑色"按钮 ，把"描边"设为"1 像素"；选取"实线"按钮 ，对"形状"选取 ，如图 3-56 所示。

图 3-56　工具设置栏选择项

(25) 绘制一个箭头，如图 3-57 所示。如果看不到箭头，可在【图层】面板中把"形状 1"的图层移至顶层，就能显示箭头。

(26) 在【图层】面板中选择"欢迎光临"图层,单击鼠标右键,在弹出的快捷菜单中单击"栅格化文字"命令。

(27) 按住<Ctrl>键,在【图层】面板用鼠标左键单击"欢迎光临"图层的缩览图,选取"欢迎光临"文字的轮廓作为选区。

(28) 将前景色改为蓝色,即R、G、B的值分别为0、0、255。

(29) 在工具箱中选取"油漆桶工具"按钮,如图3-58所示。

(30) 在"欢迎光临"的字体上单击,可以改变字体的颜色,如图3-59所示。

(31) 采用相同的方法,将"欢迎光临"4字涂成不同的颜色。

图 3-57　绘制一个箭头

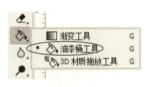

图 3-58　选取"油漆桶工具"按钮

图 3-59　将"欢迎光临"4字涂成不同颜色

3.4　包装盒的设计

(1) 创建一个新文件,把"预设详细信息"设为"包装盒"、"宽度"设为20cm、"高度"设为16cm、"分辨率"设为300像素/英寸,对"颜色模式"选取"RGB颜色,8位",背景色为黑色,前景色为白色。

(2) 在【图层】面板中单击"创建新图层"按钮,创建"图层1"。

(3) 在工具箱中单击"前景色"按钮,在【拾色器(前景色)】对话框的R、G、B文本框输入255、0、0,前景色变成红色。

(4) 在工具箱中单击"矩形选框工具"按钮,在工具设置栏中对"样式"选取"正常",在界面的适当位置单击鼠标左键,绘制一个虚线矩形选区。按住<Alt+Delete>组合键,将矩形选区填充为红色,如图3-60所示。按住<Ctrl+D>组合键,取消选区。

(5) 单击"前景色"按钮,设定前景色的R、G、B值分别为150、150、150。

(6) 先在【图层】面板中选中"图层1",然后按住<Ctrl+J>组合键,复制图层1,创建"图层1拷贝"。

(7) 先按住<Ctrl>键,然后在【图层】面板用鼠标左键单击"图层1拷贝"图层的缩览图。按住<Alt+Delete>组合键,将"图层1拷贝"图层填充为灰色,如图3-61所示。按住<Ctrl+D>组合键,取消选区。

第 3 章 设计简单的平面图像

图 3-60　将矩形选区填充为红色　　　　图 3-61　将"图层 1 拷贝"填充为灰色

（8）按住<Ctrl+T>组合键，灰色的选区就出现 8 个白色的控制点。

（9）按住<Shift>键，用鼠标按住右侧中间的控制点并把它向左拖动，将灰色区域拖到红色区域的左侧，如图 3-62 所示。

（10）在菜单栏中选取"编辑→变换→斜切"命令，拖动灰色区域的控制点，使灰色区域出现斜向形状如图 3-63 所示。

（11）采用相同的方法，在红色区域上方创建一个蓝色的区域，如图 3-64 所示。

图 3-62　将灰色区域拖到　　　图 3-63　灰色区域出现　　　图 3-64　创建一个
　　　　红色区域的左侧　　　　　　　　　斜向形状　　　　　　　　　蓝色的区域

（12）在工具箱中单击"横排文字工具（T）"按钮 **T**，把"大小"设为"36 点"，输入文字"小心轻放"，如图 3-65 所示。

（13）在菜单栏中单击"编辑"→"变换"→"斜切"命令，将文字拖动成如图 3-66 所示的斜状。

（14）再次输入文字"包装盒"，如图 3-67 所示。

（15）在工具箱中单击"直排文字工具（T）"按钮 **T**，把"大小"设为"36 点"，输入文字"优质牛奶"，如图 3-67 所示。

图 3-65　输入"小心轻放"　　　图 3-66　斜状文字　　　　图 3-67　输入其他文字

3.5 禁止标牌的设计

（1）创建一个新文件，把"预设详细信息"设为"禁止标牌"，"宽度"值设为 16、"高度"值设为 12，单位为厘米；把"分辨率"设为 300 像素/英寸，对"颜色模式"选取"RGB 颜色，8 位"，"背景内容"选取"白色"。

（2）在【图层】面板中单击"创建新图层"按钮，创建"图层 1"。

（3）单击"前景色"按钮，将前景色设定为红色，R、G、B 值分别设为 255、0、0。

（4）在工具箱中单击"椭圆选框工具"按钮，如图 3-68 所示。

（5）按住<Shift>键，建立圆形选区。然后按住<Alt+Delete>组合键，把圆形选区填充为红色，如图 3-69 所示。

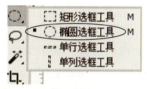

图 3-68　单击"椭圆选框工具"按钮

图 3-69　圆形选区填充为红色

（6）单击"前景色"按钮，把前景色设定为白色，R、G、B 值分别设为 255、255、255。

（7）在【图层】面板中选取"图层 1"，按住<Ctrl+J>组合键，复制图层 1，创建"图层 1 拷贝"。

（8）先在【图层】面板中选取"图层 1 拷贝"图层，再按住<Ctrl+T>组合键，选区出现一个矩形及 8 个白色的控制点。按住<Alt>键，拖动控制点，以等比例缩小圆形选区。

（9）在工具属性栏中单击"提交变换"按钮"√"，或按<Enter>键进行确认。

（10）先按住<Ctrl>键，然后在【图层】面板中用鼠标左键单击"图层 1 拷贝"图层。按住<Alt+Delete>组合键，将"图层 1 拷贝"图层填充为白色，创建一个红色的圆环，如图 3-70 所示。按住<Ctrl+D>组合键，取消选区。

（11）在【图层】面板中选中"图层 1"和"图层 1 拷贝"，单击鼠标右键，在弹出的快捷菜单中单击"合并图层"命令。双击合并后的图层，把图层名称改为"图层 1"，如图 3-71 所示。

图 3-70　创建一个红色的圆环

图 3-71　把合并后的图层名称改为"图层 1"

（12）在【图层】面板中单击"创建新图层"按钮，创建"图层 2"。

（13）在工具箱中单击"矩形选框工具"按钮，在工具设置栏中对"样式"选取"正常"，绘制一个虚线矩形选区。按住<Alt+Delete>组合键，将矩形选区填充为红色（矩形选区有可能不在圆环的中心）。按住<Ctrl+D>组合键，取消选区。

（14）先按住<Ctrl>键，在【图层】面板中选中"图层 2"的缩览图，选取长方形轮廓作为选区。在【图层】面板中选中"图层 1"，然后在菜单栏中单击"图层"→"将图层与选区对齐"→"垂直居中（V）"命令，在菜单栏中单击"图层"→"将图层与选区对齐"→"水平居中（H）"命令。设置完毕，矩形轮廓位于圆环轮廓的中心，如图 3-72 所示。

（15）在【图层】面板选中"图层 2"，按住<Ctrl+T>组合键，在界面上方的自由变换栏的"旋转设置"文本框中输入角度值 45；按<Enter>键，矩形选区就倾斜 45°，如图 3-73 所示。

（16）单击"横排文字工具（T）"按钮，把"大小"设为"180 点"，输入"停"字。

（17）先按住<Ctrl>键，在【图层】面板选中"图层 1"的缩览图。选取圆形轮廓作为选区，在【图层】面板选中"停"图层。然后在菜单栏中单击"图层"→"将图层与选区对齐"→"垂直居中（V）"命令，在菜单栏中单击"图层"→"将图层与选区对齐"→"水平居中（H）"命令。设置完毕，"停"字就位于圆环的中心了，如图 3-74 所示。

图 3-72　矩形轮廓位于圆环轮廓的中心　　图 3-73　矩形选区倾斜 45°　　图 3-74　输入"停"字

3.6　保险标贴牌的设计

（1）创建一个新文件，把"预设详细信息"设为"保险标牌"、"宽度"设为 16cm、"高度"设为 12cm、"分辨率"设为 300 像素/英寸，对"颜色模式"选取"RGB 颜色，8 位"、"背景内容"选取"自定义"，R、G、B 值分别设为 150、150、150。

（2）在【图层】面板中单击"创建新图层"按钮，创建"图层 1"。

（3）在工具箱中单击"椭圆选框工具"按钮，然后在工具设置栏中对"样式"选取"固定大小"；把"羽化"设为 0、"宽度"设为 12cm、"高度"设为 10cm。设置完毕，绘制出一个椭圆，并把它填充为绿色，把 R、G、B 值分别设为 50、255、50。填充绿色之后的椭圆如图 3-75 所示。

（4）在工具箱中单击"横排文字工具（T）"按钮**T**，然后在工具设置栏中对"字体"选取"宋体"，把"大小"设为 16 点。设置完毕，单击"创建文字变形"按钮**工**，在【变形文字】对话框中对"样式（S）"选取"扇形"，对方向选取"水平"，把"弯曲（B）"设为-60%，如图 3-76 所示。

图 3-75　填充绿色之后的椭圆　　　　　图 3-76　设置【变形文字】对话框

（5）输入"保险监督管理委员会监制"，并把文字放在合适的位置，如图 3-77 所示。

（6）再次在工具箱中单击"横排文字工具（T）"按钮**T**，在工具设置栏中对"字体"选取"宋体"，把"大小"设为 20 点。设置完毕，单击"创建文字变形"按钮**工**，在【变形文字】对话框中对"样式"选取"扇形"，对方向选取"水平"，把"弯曲"设为100%。

（7）再次输入"1~12"数字，使每两个数字之间保持两个空格。然后，选中所输入的 12 个数字，按住<Ctrl+T>组合键，在【字符】面板中，将所选字符间距调设为-120，"颜色"设为黑色，如图 3-78 所示。

图 3-77　输入"保险监督管理委员会监制"　　图 3-78　设定字符间距

（8）将所输入的数字放置在合适的位置，如图 3-79 所示。

（9）输入其他文字，如图 3-80 所示。

提示：在输入其他文字时，应在图 3-78 中将字符间距改为 0。

图 3-79　将所输入的数字放在合适位置

图 3-80　输入其他文字

3.7　绿色田园图案的设计

（1）创建一个新文件，把"宽度"设为 4cm、"高度"设为 3cm、"分辨率"设为 300 像素/英寸，对"颜色模式"选取"RGB 颜色，8 位"、"背景内容"选取"白色"。

（2）在工具箱中选取"自定形状工具"按钮，如图 3-55 所示。

（3）在工具设置栏中选取"形状"，对"填充"选取"绿色"按钮，把"描边"设为"1 像素"，选取"实线"按钮，对"形状"选取小草图案，如图 3-81 所示。

（4）在适当的位置单击鼠标左键，在【创建自定形状】对话框中把"宽度"设为 150 像素、"高度"设为 150 像素，选取"从中心"选项，如图 3-82 所示。

图 3-81　选取小草图案

图 3-82　设定【创建自定形状】对话框参数

（5）单击"确定"按钮，插入小草图案，如图 3-83 所示。

（6）在菜单栏中单击"编辑"→"定义图案"命令，在【图案名称】对话框中把"名称"设为"小草"，如图 3-84 所示。

图 3-83　插入小草图案

图 3-84　把"名称"设为"小草"

（7）创建一个新文件，把"预设详细信息"设为"绿色田园"、"宽度"设为20cm、"高度"设为16cm、"分辨率"设为300像素/英寸，对"颜色模式"选取"RGB 颜色，8 位"，"背景内容"选取"白色"。

（8）在【图层】面板中单击"创建新图层"按钮，创建"图层1"。

（9）在菜单栏中单击"编辑"→"填充"命令，在【填充】对话框中对"内容"选取"图案"，对"自定图案"选取小草图案，如图3-85所示。

（10）单击"确定"按钮，小草就填充了整个区域，如图3-86所示。

图3-85 【填充】对话框设置

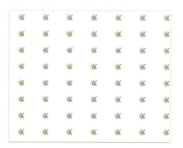

图3-86 小草填充整个区域

3.8 蝴蝶结图案的设计

（1）创建一个新文件，把"预设详细信息"设为"椭圆环标牌"、"宽度"设为20cm、"高度"设为20cm、"分辨率"设为300像素/英寸，对"颜色模式"选取"RGB 颜色，8 位"，"背景内容"选取"白色"。

（2）在【图层】面板中单击"创建新图层"按钮，创建"图层1"。

（3）在工具箱中单击"椭圆选框工具"按钮，在工具设置栏中对"样式"选取"固定大小"；把"羽化"设为0、"宽度"设为16cm、"高度"设为4cm。设置完毕，绘制一个椭圆选区。

（4）在菜单栏中单击"编辑"→"描边"命令，在【描边】对话框中把"宽度"设为"10像素"，"颜色"的R、G、B值分别设为0、0、0；对"模式"选取"正常"，把"不透明度"设为100%。

（5）单击"确定"按钮，创建第一个椭圆，如图3-87所示。

（6）在【图层】面板中单击"创建新图层"按钮，创建"图层2"。并采用相同的方法，创建第二个"宽度"为15cm、"高度"为3cm 的椭圆（两个椭圆可以不同心），如图3-88所示。

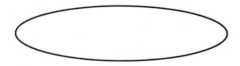

图3-87 创建第一个椭圆

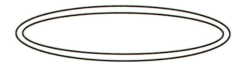

图3-88 创建第二个椭圆

(7)先按住<Ctrl>键,在【图层】面板中选中"图层 2"的缩览图,选取第二个椭圆作为选区,然后在【图层】面板中选中"图层 1"。在菜单栏中单击"图层"→"将图层与选区对齐"→"垂直居中(V)"命令,在菜单栏继续单击"图层"→"将图层与选区对齐"→"水平居中(H)"命令,使两个椭圆的中心对齐。

(8)在"图层"面板中选中"图层 1"和"图层 2",单击鼠标右键,在弹出的快捷菜单中单击"合并图层"命令。双击合并后的图层,将图层名称改为"图层 1"。

(9)在【图层】面板中选中"图层 1",按住<Ctrl+J>组合键,复制图层 1,并将复制后的图层改名为"图层 2"。

(10)先在【图层】面板中选中"图层 2",然后在菜单栏中单击"编辑"→"自由变换"命令(或按<Ctrl+T>组合键)。在界面上方的自由变换栏的"旋转设置"文本框中输入 60°。输入完毕,按<Enter>键,椭圆环就旋转 60°,如图 3-89 所示。

(11)再次按<Ctrl+Shift+Alt+T>组合键,复制一个椭圆环,如图 3-90 所示。

 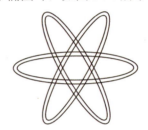

图 3-89　旋转椭圆环　　　　　　　　图 3-90　再复制一个椭圆环

(12)合并上述三个椭圆环的图层,并将合并后的图层改名为"图层 1"。

(13)在【图层】面板中单击"创建新图层"按钮 ,创建"图层 2"。

(14)在工具箱中单击"椭圆选框工具"按钮 ,按住<Shift>键,创建一个圆形选区,并把它填充为白色。在菜单栏中单击"编辑"→"描边"命令,在【描边】对话框中把"宽度"设为"10 像素","颜色"的 R、G、B 值设为 0、0、0;对"模式"选取"正常",把"不透明度"设为 100%。设置完毕,单击"确定"按钮,创建一个圆形。圆形的中心与椭圆环的中心不重合,如图 3-91 所示。

(15)先按住<Ctrl>键,在【图层】面板中选中"图层 1"的缩览图,然后在【图层】面板中选中"图层 2"。在菜单栏中单击"图层"→"将图层与选区对齐"→"垂直居中(V)"命令,在菜单栏继续单击"图层"→"将图层与选区对齐"→"水平居中(H)"命令。设置完毕,圆形的中心与椭圆环的中心对齐,如图 3-92 所示。

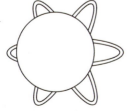 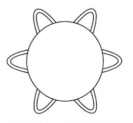

图 3-91　圆形的中心与椭圆环的中心不重合　　　图 3-92　圆形的中心与椭圆环的中心对齐

（16）单击"多边形工具"按钮⬡，如图 3-93 所示。

（17）在工具设置栏中，对"选择工具模式"选取"形状"、"设置形状填充类型"选取"无颜色"按钮⧸；把"设置描边形状宽度"设为"10 像素"、"边数"设为 5，如图 3-94 所示。

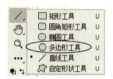

图 3-93 单击"多边形工具"按钮　　　　　　图 3-94 "多边形工具"设置栏的选择项

（18）绘制一个五边形，把五边形调整到圆形的中心，如图 3-95 所示。

（19）先将前景色的 R、G、B 值分别设为 0、0、255，在【图层】面板中选取"图层 1"，然后在工具箱中选择"魔棒工具"按钮。按住<Shift>键，选中椭圆；按住<Alt+Delete>组合键，把椭圆涂成蓝色，如图 3-96 所示。

（20）采用相同的方法，把椭圆环涂成青色，R、G、B 值分别设为 0、255、255，如图 3-97 所示。

 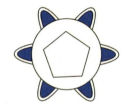 

图 3-95 绘制一个五边形　　　图 3-96 把椭圆涂成蓝色　　　图 3-97 椭圆环涂成青色

（21）在工具箱中选取"渐变工具"按钮▬，在工具设置栏中选取"色谱"图案和"径向渐变"图案，如图 3-98 所示。

图 3-98 选取"色谱"选项和"径向渐变"选项

（22）在【图层】面板中选取"图层 2"，然后按住<Ctrl>键，单击"图层 2"的缩览图；从圆心向周边拖出一条直线，将圆形涂成七个圆环，"径向渐变"填充效果如图 3-99 所示。

（23）如果在图 3-98 中选取"角度渐变"选项，就变成"角度渐变"填充效果，如图 3-100 所示。

（24）输入"蝴蝶结"，按住<Ctrl>键，在【图层】面板中用鼠标左键单击"蝴蝶结"图层的缩览图，选取"蝴蝶结"文字的轮廓作为选区。把前景色改为蓝色，即 R、G、B 值分别为 0、0、255。

（25）在工具箱中选取"油漆桶工具"按钮，在"蝴蝶结"的字体上单击，可以改变字体的颜色,使之变为蓝色,采用相同的方法,将"蝴蝶结"涂成各种不同的颜色。"蝴蝶结"文字的效果如图 3-101 所示。

图 3-99 "径向渐变"填充效果　　图 3-100 "角度渐变"填充效果　　图 3-101 "蝴蝶结"文字的效果

3.9 齿轮垫片的设计

(1)创建一个新文件,把"预设详细信息"设为"齿轮垫片"、"宽度"设为 20cm、"高度"设为 20cm、"分辨率"设为 300 像素/英寸,对"颜色模式"选取"RGB 颜色,8 位","背景内容"选取"白色"。

(2)在【图层】面板中单击"创建新图层"按钮,创建"图层 1"。

(3)在菜单栏中单击"视图"→"标尺"命令,在界面上显示纵向标尺和横向标尺。

(4)把光标移到标尺栏中,按住鼠标左键,向界面中心拖动光标,拖出 3 条水平参考线和 4 条竖直参考线。3 条水平参考线对应的标尺分别是 2、10、18,4 条竖直参考线对应的标尺分别是 9、9.5、10.5、11。绘制的水平参考线和竖直参考线如图 3-102 所示。

(5)在工具箱中单击"多边形索套工具"按钮,连接各个交点,建立多边形选区,如图 3-103 所示。

(6)将前景色改为黑色,按住<Alt+Delete>组合键,将选区填充为黑色。

(7)选取"移动工具"按钮,用鼠标按住水平参考线(或竖直参考线)把它拖入标尺栏中。水平参考线(或竖直参考线)被隐藏,只保留填充区域。基本图形如图 3-104 所示。

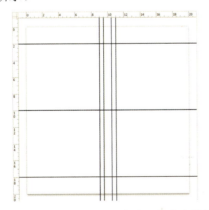 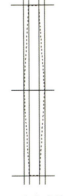 

图 3-102 绘制的水平参考线和竖直参考线　　图 3-103 建立多边形选区　　图 3-104 基本图形

（8）先在【图层】面板中选取"图层 1"，然后在菜单栏中单击"编辑"→"自由变换命令（或按<Ctrl+T>组合键）"。在设置栏中的"旋转设置"文本框中输入 30°，按<Enter>键，基本图形就旋转 30°。

（9）多次按<Ctrl+Shift+Alt+T>组合键，复制基本图形，效果如图 3-105 所示。

（10）合并所有图层，并把合并后的图层改名为"图层 1"。

（11）在【图层】面板中单击"创建新图层"按钮，创建"图层 2"。

（12）在工具箱中单击"椭圆选框工具"按钮，按住<Shift>键，创建一个圆形选区，并把它填充为黑色。圆形的中心与基本图形中心不重合，如图 3-106 所示。

（13）先按住<Ctrl>键，在【图层】面板中选中"图层 1"的缩览图，然后在【图层】面板中选中"图层 2"。在菜单栏单击"图层"→"将图层与选区对齐"→"垂直居中（V）"命令，在菜单栏继续单击"图层"→"将图层与选区对齐"→"水平居中（H）"命令。选取完毕，圆形与基本图形的中心就对齐了，如图 3-107 所示。

图 3-105　基本图形的旋转效果　　图 3-106　创建一个圆形选区　　图 3-107　圆形与基本图形的中心对齐

（14）合并"图层 1"和"图层 2"，并将合并后的图层改名为"图层 1"。

（15）在【图层】面板中单击"创建新图层"按钮，创建"图层 2"，并删除"图层 1"。

（16）先按住<Ctrl>键，在【图层】面板中选中"图层 1"的缩览图。然后单击"图层 1"的"指示图层可见性"按钮，隐藏"图层 1"，只显示选区，如图 3-108 所示。

（17）在菜单栏中单击"选择"→"修改"→"平滑"命令，在【平滑选区】对话框中把"取样半径"设为 30 像素。设置完毕，单击"确定"按钮，选区的拐角位变成圆弧过渡形状，如图 3-109 所示。

（18）把前景色的 R、G、B 值分别设为 150、150、150，把背景色的 R、G、B 值分别设为 80、80、80。在【图层】面板中选中"图层 2"，按<Alt+Delete>组合键，将选区填充为灰色，如图 3-110 所示。

（19）在【图层】面板中单击"创建新图层"按钮，创建"图层 3"。

（20）在工具箱中单击"矩形选框工具"按钮，在工具设置栏中把"羽化"设为"0 像素"。对"样式"选取"固定大小"，把"宽度"设为 5cm、"高度"设为 5cm，绘制一个虚线矩形选区，把矩形选区填充为白色。矩形选区有可能不在圆环的中心。

第 3 章　设计简单的平面图像

图 3-108　只显示选区　　图 3-109　选区的拐角位　　图 3-110　将选区填充为灰色
　　　　　　　　　　　　　　变成圆弧过渡形状

（21）先按住<Ctrl>键，在【图层】面板中选中"图层 2"的缩览图，然后在【图层】面板中选中"图层 3"。在菜单栏中先单击"图层"→"将图层与选区对齐"→"垂直居中（V）"命令，接着单击"图层"→"将图层与选区对齐"→"水平居中（H）"命令，使矩形位于圆形的中心，如图 3-111 所示。

（22）在【图层】面板中单击"创建新图层"按钮 ，创建"图层 4"。

（23）在工具箱中单击"椭圆选框工具"按钮 ，按住<Shift>键，创建一个圆形选区，并把它填充为白色。圆形的中心与基本图形在水平方向上不重合，如图 3-112 所示。

（24）先按住<Ctrl>键，在【图层】面板中选中"图层 2"的缩览图，然后在【图层】面板中选中"图层 2"。在菜单栏继续单击"图层"→"将图层与选区对齐"→"水平居中（H）"命令。选取完毕，使圆形与基本图形在水平方向对齐，如图 3-113 所示。

图 3-111　矩形位于　　　　图 3-112　圆形的中心与　　　图 3-113　圆形与基本图形在
　　　　圆形的中心　　　　　　　基本图形在水平方向上不重合　　　　水平方向对齐

（25）先在【图层】面板中选取"图层 2"，然后按<Ctrl+T>组合键，在自由变换栏中查到的圆形中心点坐标是（1184.00，1182.00），单位为像素。（不同计算机显示的中心位置可能不相同，具体数值以各自的计算机显示值为准），如图 3-114 所示。按<Enter>键，结束操作。

图 3-114　圆形的中心点坐标是（1184.00，1182.00）

43

（26）先在【图层】面板中选取"图层 4"，然后在菜单栏中单击"编辑"→"自由变换（或按<Ctrl+T>，组合键）"命令，把小圆的基准点拖出来，并在自由变换栏中将基准点的坐标修改为（1184.00，1182.00）。通过这个方法，可以把小圆的基准点移到大圆的中心，如图 3-115 所示。

（27）在自由变换栏中的"旋转设置"文本框中输入角度值 30°，按<Enter>键后，小圆就旋转 30°，如图 3-116 所示。

（28）多次按<Ctrl+Shift+Alt+T> 组合键，复制多个小圆，如图 3-117 所示。

图 3-115　把小圆的基准点移到大圆的中心　　　图 3-116　小圆旋转 30°　　　图 3-117　复制多个小圆

3.10　高尔夫球的设计

（1）创建一个新文件，把"预设详细信息"设为"高尔夫球"、"宽度"设为 500 像素、"高度"设为 500 像素、"分辨率"设为 72 像素/英寸，对"颜色模式"选取"RGB 颜色，8 位"，"背景内容"选取"白色"。

（2）设定前景色为白色，背景色为黑色。

（3）在【图层】面板中单击"创建新图层"按钮 ，创建"图层 1"。

（4）在工具箱中选取"渐变工具"按钮 ，在工具设置栏中选取"前景色到背影色渐变"选项和"径向渐变"选项。然后，从中心向四个角拉出从白到黑的渐变效果，如图 3-118 所示。

图 3-118　从中心向四个角拉出从白到黑的渐变效果

(5) 在菜单栏中单击"滤镜"→"滤镜库"→"扭曲"→"玻璃"命令,在【玻璃】对话框中,把"扭曲度"设为16、"平滑度"设为3;对"纹理"选取"小镜头",把"缩放"设为60%,如图3-119所示。

图3-119 设置【玻璃】对话框中参数

(6) 单击"确定"按钮,生成的"玻璃"效果如图3-120所示。

(7) 在工具箱中单击"椭圆选框工具"按钮,按住<Shift>键,创建一个圆形选区,如图3-121所示。

(8) 在菜单栏中单击"选择"→"反选"命令,然后按<Delete>键,删除圆形之外的图像,如图3-122所示。

图3-120 生成的"玻璃"效果　　图3-121 建立一个圆形选区　　图3-122 删除圆形之外的图像

(9) 按住<Ctrl>键,在【图层】面板中单击"图层 1"的缩览图,然后在菜单栏中单击"滤镜"→"扭曲"→"球面化"命令。在【球面化】对话框中,把"数量"设为100%,对"模式"选取"正常",如图3-123所示。

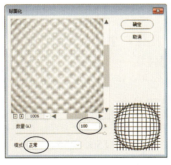

图3-123 【球面化】对话框设置

(10) 单击"确定"按钮，使图像球面化，效果如图 3-124 所示。

(11) 在菜单栏中单击"图像"→"调整"→"亮度/对比度"命令，在【亮度/对比度】对话框中选取"使用旧版"选项，把"亮度"设为 30，如图 3-125 所示。

图 3-124 图像球面化效果

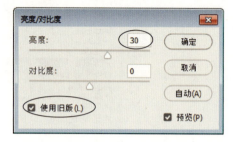

图 3-125 【亮度/对比度】对话框设置

(12) 在【图层】面板中单击"添加图层样式"按钮 fx，在弹出的快捷菜单中单击"投影"命令。然后在【图层样式】对话框中对"混合模式"选取"正片叠底"，把"不透明度"设为 75%、"距离"设为 20 像素、"扩展"设为 15%、"大小"设为 20 像素，如图 3-126 所示。

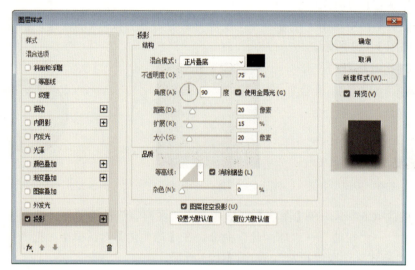

图 3-126 设置【图层样式】对话框参数

(13) 单击"确定"按钮，图像产生阴影效果，如图 3-127 所示。

(14) 在菜单栏中单击"滤镜"→"渲染"→"镜头光晕"命令，在【镜头光晕】对话框中选取"35 毫米聚焦"，把"亮度"设为 150%。然后在图像左上角选取要添加"镜头光晕"效果的位置，如图 3-128 所示。

(15) 单击"确定"按钮，生成的"镜头光晕"效果如图 3-129 所示。

(16) 设定背景色的 R、G、B 值为 150、255、200，并填充背景色。填充背景色之后的效果如图 3-130 所示。

第 3 章　设计简单的平面图像

图 3-127　图像产生阴影效果

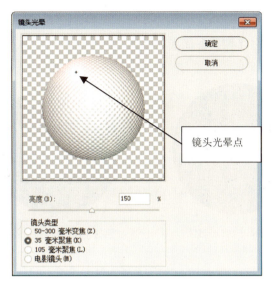

图 3-128　设置【镜头光晕】对话框参数

图 3-129　"镜头光晕"效果

图 3-130　填充背景色之后的效果

3.11　奥运五环图案的设计

（1）创建一个新文件，把"预设详细信息"设为"奥运五环"、"宽度"设为 16cm、"高度"设为 12cm、"分辨率"设为 300 像素/英寸，对"颜色模式"选取"RGB 颜色，8 位"，"背景内容"选取"白色"。

（2）设定前景色为蓝色，把 R、G、B 值分别设为 0、0、255，背景色为白色。

（3）在【图层】面板中单击"创建新图层"按钮 ，创建"图层 1"。

（4）在工具箱中单击"椭圆选框工具"按钮 ○，按住<Shift>键，创建一个圆形选区，把它并填充为蓝色，如图 3-131 所示。

（5）按住<Ctrl>键，单击"图层 1"的缩览图，以蓝色圆形建立选区。然后在【图层】面板中选取"背景"图层，按住<Alt>键，拖动选区的控制块，使选区缩小，如

47

图 3-132 所示。

（6）在【图层】面板中选取"图层 1"，按<Delete>键，建立一个圆环，如图 3-133 所示。

图 3-131　把创建的圆形选区填充为蓝色

图 3-132　使选区缩小

图 3-133　建立一个圆环

（7）按住<Alt>键，在工具箱中选取"移动工具"按钮 ，拖动圆环，组成如图 3-134 的五环形状所示。在【图层】面板中将图层名称依次改为"图层 2"～"图层 5"。

（8）将前景色改为黄色，把 R、G、B 值设为 255、255、0。按住<Ctrl>键，单击左下角圆环所在缩览图，然后按<Alt+Delete>组合键，把它填充为黄色。

（9）采用同样方法，将其他 3 个圆环填充为黑色（R、G、B 值分别为 0、0、0）、红色（R、G、B 值分别为 255、0、0）、绿色（R、G、B 值分别为 0、255、0）。填充 5 种不同颜色的五环如图 3-135 所示。

图 3-134　五环形状

图 3-135　填充 5 种不同颜色的五环

（10）在工具箱中单击"钢笔工具"按钮 ，沿黄色圆环与蓝色圆环相交的位置建立一个选区，如图 3-136 所示。

（11）在【图层】面板中选取黄色圆环所在的图层，按住<Ctrl+C>组合键，复制黄色区域。然后按<Ctrl+V>组合键，粘贴黄色区域，自动生成"图层 6"，并把复制结果放在"图层 6"中。

（12）在【图层】面板中选取黄色圆环所在的图层，并把它放到蓝色圆环所在图层之下。

（13）按照相同的方法，调整其他图层的次序。最终，奥运五环图案的效果如图 3-137 所示。

第 3 章　设计简单的平面图像

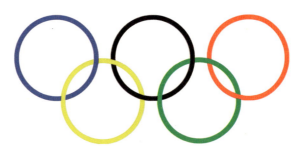

图 3-136　在相交位置建立一个选区　　　　图 3-137　奥运五环图案的效果

3.12 铭牌的设计

（1）创建一个新文件，把"预设详细信息"设为"铭牌"、"宽度"设为 16cm、"高度"设为 12cm、"分辨率"设为 300 像素/英寸；对"颜色模式"选取"RGB 颜色，8 位"，"背景内容"选取"白色"。

（2）在【图层】面板中单击"创建新图层"按钮，创建"图层1"。

（3）在工具箱中单击"矩形选框工具"按钮，在工具设置栏中对"样式"选取"固定大小"；把"宽度"设为 14cm、"高度"设为 10cm，建立一个选区。

（4）在菜单栏中单击"编辑"→"填充"命令，在【填充】对话框中对"内容"选取"图案"。选取完毕，先单击"自定图案"旁边的"√"按钮，再单击按钮，在弹出的快捷菜单中选取"图案"命令。然后，在窗口中单击"追加（A）"按钮，在"自定图案"中选取"木质"图案，如图 3-138 所示，填充效果如图 3-139 所示。

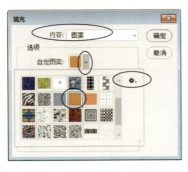

图 3-138　在【填充】对话框设置　　　　图 3-139　填充效果

（5）在菜单栏中单击"视图"→"标尺"命令，拉出标尺，与图案的边沿对齐，如图 3-140 所示。

（6）在工具箱中单击"椭圆选框工具"按钮，在工具设置栏中对"样式"选取"固定大小"，把"宽度"设为 2cm、"高度"设为 2cm。按住<Shift+Alt>组合键，单击图案左上角的交点，建立一个圆形选区。按<Delete>键，删除左上角的图案，如图 3-141 所示。

(7) 按住<Ctrl+D>组合键，取消选区。然后按住<Shift+Alt>组合键，单击右上角的交点处，建立一个圆形选区，按<Delete>键，删除右上角的图案。

(8) 按照上述方法，删除另外两个角的图案，删除图案的4个角之后的效果如图3-141所示。

图3-140　沿图案边沿拉出标尺　　　　　图3-141　删除图案的4个角之后的效果

(9) 在菜单栏中单击"视图"→"显示额外内容"命令，隐藏参考线。

(10) 复制"图层1"，并将复制的图层改名为"图层2"。选中"图层2"，先按<Ctrl+T>组合键，然后按住<Alt>键，拖动选区的控制块，使选区缩小。按<Enter>键，结束操作。

(11) 在【图层】面板的下方单击"添加图层样式"按钮fx，在【图层样式】对话框中按图3-142所示进行设置。

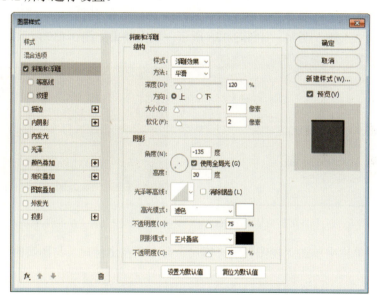

图3-142　设置【图层样式】对话框参数

(12) 单击"确定"按钮，图层2就产生浮雕效果，如图3-143所示。

(13) 在【图层】面板中选取"图层1"，然后在其下方单击"添加图层样式"按钮fx，在弹出的快捷菜单中选取"斜面和浮雕"命令。在【图层样式】对话框中对"样式"选取"内斜面"、"方法"选取"平滑";把"深度"设为75%、"大小"设为7像素、"软化"设为2像素、"角度"设为-135度、"高度"设为30度;对"高光模式"选取"滤色",把"不透明度"设为75%;对"阴影模式"选取"正片叠底",把"不透明度"设为75%。设置完毕,单击"确定"按钮,图层1的图像也产生浮雕效果,如图3-144所示。

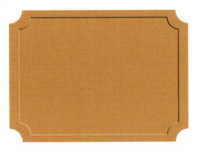 

图3-143　图层2产生的浮雕效果　　　　　图3-144　图层1产生的浮雕效果

（14）在工具箱中单击"横排文字工具（T）"按钮 T，在工具设置栏中对"字体"选取"宋体",把"大小"设为30点。设置完毕,单击"创建文字变形"按钮，在【变形文字】对话框中对"样式"选取"扇形",对方向选取"水平",把"弯曲"设为30%,然后输入一行文字,如图3-145所示。

（15）选取文字图层,在菜单栏中单击"图层"→"栅格化"→"文字"命令,然后按住<Ctrl>键,再单击文字图层的缩览图,将文字载入选区。在菜单栏中选取"编辑→描边"命令,在【描边】对话框中把"宽度"设为3像素,对颜色选取红色,把R、G、B值分别设为255、0、0。设置完毕,单击"确定"按钮,文字显示红色描边,如图3-146所示。

图3-145　输入一行文字　　　　　　　　图3-146　文字显示红色描边

（16）在【图层】面板中选取文字图层,然后在图案下方单击"添加图层样式"按钮，在弹出的快捷菜单中选取"投影"命令。在【投影】对话框中对"混合模式"选取"正片叠底",把"不透明度"设为75%,"角度"设为-135度、"距离"设为10像素、"扩展"设为0%、"大小"设为5像素。设置完毕,单击"确定"按钮,文字产生投影效果,如图3-147所示。

(17) 在工具箱中单击"横排文字工具（T）"按钮 T，在工具设置栏中对"字体"选取"宋体"，把"大小"设为 60 点。然后输入一行文字"工作办公室"，字体颜色为白色。

(18) 复制文字图层，然后把复制文字的图层改为黑色。在工具箱中选取"移动工具"按钮，然后根据要求，按键盘上的方向键"→""↓"各 3 次，"工作办公室"文字就产生黑白效果，如图 3-148 所示。

图 3-147　文字产生投影效果

图 3-148　"工作办公室"文字产生黑白效果

3.13　花环的设计

(1) 创建一个新文件，把"预设详细信息"设为"花环"、"宽度"设为 12cm、"高度"设为 12cm、"分辨率"设为 300 像素/英寸；对"颜色模式"选取"RGB 颜色，8 位"，"背景内容"选取"白色"。

(2) 打开\素材\第 3 章\荷花.jpg，在工具箱中选取"快速选择工具"按钮，选取荷花的图像作为选区，如图 3-149 所示。

(3) 在工具箱中选取"移动工具"按钮，用鼠标按住选区中的图像，把它拖入新建的图像中，并调整合适的位置，同时调整图像的大小。调整之后的效果如图 3-150 所示，把图像放到"图层 1"中，如图 3-151 所示。

图 3-149　选取荷花的图像作为选区

图 3-150　调整之后的效果

图 3-151　把图像放到"图层 1"中

(4) 在【图层】面板中选中"图层 1"，按住<Ctrl+T>组合键，图像区域就出现一个矩形框。该矩形框的周围有 8 个点，其中间有 1 个基准点，如图 3-152 所示。中间的点称为基准点。

（5）将中间的基准点拖到花柄的端面，如图 3-153 所示。

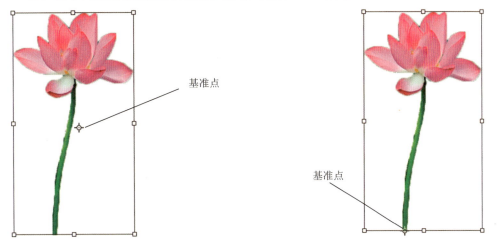

图 3-152　矩形框周围有 8 个点，中间有 1 个基准点　　图 3-153　将中间的基准点拖到花柄的端面

（6）在设置栏中将"角度"设为 30 度，如图 3-154 所示。

图 3-154　设置角度值

（7）在工具属性栏中单击"√"符号，或者按<Enter>键，即可将花瓣旋转 30°，效果如图 3-155 所示。

（8）多次按住<Shift+Ctrl+Alt+T>组合键，将花瓣重复旋转成一个花环，制作的花环如图 3-156 所示。

（9）在【图层】面板中选取所有花瓣的图层（提示：不选取"背景"图层），按住<Ctrl+Alt+E>组合键，将所有花瓣图层合并成一个新的图层，把它的名称设为"图层 1 拷贝 11（合并）"，图层分布图如图 3-157 所示。保留原图层，方便以后修改。

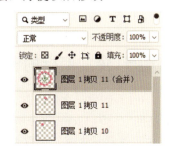

图 3-155　将花瓣旋转 30°　　图 3-156　制作的花环　　图 3-157　图层分布图
之后的效果

（10）先选取"图层 1 拷贝 11（合并）"，再按住<Ctrl+T>组合键，图像区域就出现一个矩形框。

（11）按住<Alt>键，再拖动控制点，将花环缩小，如图 3-158 中间的小花环所示。

（12）将缩小后的花环拖到花柄上，如图 3-159 所示。

（13）在【图层】面板中选中"图层 1 拷贝 11（合并）"，再按住<Ctrl+T>组合键；小花环的周围出现 8 个点，中间出现 1 个基准点，将中间的基准点拖到大花环的中心，如图 3-160 所示。

图 3-158 将花环缩小

图 3-159 将缩小后的花环拖到花柄上

图 3-160 将中间的基准点拖到大花环的中心

（14）在设置栏中将"角度"设为 30°，如图 3-154 所示。

（15）在工具属性栏中单击"√"符号，或者按<Enter>键，即可将小花环绕大花环的中心旋转 30°，如图 3-161 所示。

（16）连续按住<Shift+Ctrl+Alt+T>组合键，将小花环绕大花环的中心旋转成一个环，如图 3-162 所示。

图 3-161 将小花环绕大花环的中心旋转 30°

图 3-162 将小花环绕大花环的中心旋转成一个环

3.14 企业商标的设计

（1）创建一个新文件，把"预设详细信息"设为"企业商标"、"宽度"设为 12cm、"高度"设为 12cm、"分辨率"设为 300 像素/英寸；对"颜色模式"选取"RGB 颜色，8 位"，"背景内容"选取"白色"。

（2）新建"图层 1"，并把它填充为浅蓝色（R、G、B 值分别为 160、85、255），如图 3-163 所示。

（3）新建"图层 2"，在工具箱中单击"椭圆选框工具"按钮，然后在工具设置栏中对"样式"选取"固定大小";把"宽度"设为 2.5cm、"高度"设为 2.5cm。设置完毕,建立一个圆形选区,并把它填充为白色,如图 3-164 所示。

图 3-163 把"图层 1"填充为浅蓝色

图 3-164 把创建的圆形选区填充为白色

(4)打开\素材\第 3 章\商标.jpg,在菜单栏中单击"选择"→"色彩范围"命令,先用"吸管工具"在蓝色商标上面单击一下,再单击"确定"按钮,选取蓝色商标作为选区,如图 3-165 所示。

(5)在工具箱中选取"移动工具"按钮,将五角星拖至新文件中。如果五角星不在圆形的中心,可以按键盘上的方向键"→""←""↑""↓"进行微调,将五角星放在圆的中心,如图 3-166 所示。

图 3-165 选取蓝色商标作为选区

图 3-166 将五角星放在圆的中心

(6)打开\素材\第 3 章\茶叶.jpg,在菜单栏中单击"选择"→"色彩范围"命令,先用"吸管工具"在茶叶上面单击一下,再单击"确定"按钮,选取茶叶作为选区。在工具箱中选取"移动工具"按钮,将茶叶图像拖至新文件中,如图 3-167 所示。

(7)输入文字"ABCD",如图 3-168 所示

图 3-167 将茶叶图像拖至新文件中

图 3-168 输入文字"ABCD"

(8)选中"ABCD"图层,单击鼠标右键,在弹出的快捷菜单中单击"栅格化图层"命令,将文字图层栅格化。

(9)按住<Alt>键,再轮流按键盘上的方向键"←""↑"各一次,重复 4 次,文

字就沿方向键移动，效果如图 3-169 所示。

（10）将"前景色"设为红色（R、G、B 值分别设为 255、0、0），按住<Ctrl>键，单击"ABCD 拷贝 8"图层；然后按<Alt+Delete>组合键，将"ABCD 拷贝 8"图层填充为红色，如图 3-170 所示。

图 3-169　文字移动效果

图 3-170　将"ABCD 拷贝 8"图层填充为红色

（11）在工具箱中单击"横排文字工具（T）"按钮**T**，在工具设置栏中"字体"选取"宋体"，把"大小"设为"30 点"，输入文字"龙井茶业"，字体颜色设为白色，如图 3-171 所示。

（12）在【图层】面板中单击"添加图层样式"按钮**fx**，在弹出的快捷菜单中单击"投影"命令，在【图层样式】对话框中对"混合模式"选取"正片叠底"，把"不透明度"设为 75%、"角度"为 120°，"距离"设为 10 像素、"扩展"设为 0%、"大小"设为 5 像素、"杂色"为 0。

（13）单击"确定"按钮，"龙井茶业"文字产生投影效果，如图 3-172 所示。

图 3-171　输入文字"龙井茶业"
并把字体颜色设为白色

图 3-172　"龙井茶业"文字
产生投影效果

3.15　圆管的设计

（1）创建一个新文件，把"预设详细信息"设为"圆管"、"宽度"设为 12cm、"高度"设为 12cm、"分辨率"设为 300 像素/英寸；对"颜色模式"选取"RGB 颜色，8 位"，"背景内容"选取"白色"。

（2）新建"图层 1"，在工具箱中选取"椭圆选框工具"按钮○，在设置栏中对"样式"选取"固定大小"，把"宽度"设为 8cm，"高度"设为 2cm。设置完毕，建立一个椭圆选区。

（3）在工具箱中选取"渐变工具"按钮■，在工具设置栏中选取"色谱"选项和"线性渐变"选项，如图 3-173 所示。

第 3 章 设计简单的平面图像

图 3-173 选取"色谱"选项和"线性渐变"选项

（4）从左向右拉一条水平直线，建立色谱渐变效果，如图 3-174 所示。

（5）按住<Ctrl>键，单击"图层 1"的缩览图，选取椭圆轮廓作为选区。

（6）在工具箱中选取"移动工具"按钮，然后在【图层】面板中选取"背景"图层，椭圆选区就出现矩形的选框，选框上有 8 个控制块，如图 3-175 所示。

图 3-174 建立色谱渐变效果

图 3-175 选框上有 8 个控制块

（7）按住<Shift+Alt>键，拖动选区的控制块，使椭圆选区缩小，如图 3-176 所示。

（8）在【图层】面板中选取"图层 1"图层，按<Delete>键，删除椭圆选区中的图像，如图 3-177 所示。

图 3-176 使椭圆选区缩小

图 3-177 删除椭圆选区中的图像

（9）按住<Ctrl+D>组合键，取消选区。

（10）在工具箱中选取"移动工具"按钮，再按住<Alt>键，连续按方向键"↓"，使平面椭圆拉出圆管状效果，如图 3-178 所示。

（11）将"前景色"设为黑色。

（14）按住<Ctrl>键，单击"图层 1"的缩览图，选取图层 1 中的内、外椭圆轮廓作为选区，如图 3-179 所示。

图 3-178 使平面椭圆拉出圆管状效果

图 3-179 选取图层 1 中的内、外椭圆轮廓作为选区

（15）在【图层】面板中选中顶层的图层，再按<Alt+Delete>组合键，将选区填充为黑色，图像上表面就显出一圈黑色，如图 3-180 所示。

（16）在【图层】面板中合并"背景"图层的所有图层，把它的名称设为"图层 1"，如图 3-181 所示。

图 3-180　图像上表面显出一圈黑色

图 3-181　合并后的图层

（17）在【图层】面板中选中"图层 1",单击鼠标右键,在弹出的快捷菜单中单击"复制图层"命令,将复制的图层命名为"图层 2"。

（18）在【图层】面板中选中"图层 2",然后在工具箱中选取"移动工具"按钮 ,拖动图层 2 的控制块,使图像旋转 90°,并使两个图像分开,如图 3-182 所示。

图 3-182　使两个图像分开

第4章 简单图像的合成

本章以几个简单的图像为例,详细介绍 Photoshop 图像合成的基本命令与设计流程。

4.1 白宫图像与一群儿童图像的合成

(1)创建一个新文件,把"预设详细信息"设为"白宫前的儿童"、"宽度"设为16cm、"高度"设为12cm、"分辨率"设为300像素/英寸;对"颜色模式"选取"RGB 颜色,8位","背景内容"选取"白色"。

(2)打开\素材\第 4 章\04-1a.jpg 和 04-1b.jpg,白宫与一群儿童的图像如图 4-1 所示。

(a)白宫　　　　　　　　　　　　(b)儿童

图 4-1　白宫与一群儿童的图像

(3)先把图 04-1a.jpg 设为当前图像,然后在菜单栏中单击"图像"→"图像大小"命令;在【图像大小】对话框中把"调整为"设为"自定"、"宽度"值设为16、"高度"值设为12,单位为厘米;把"分辨率"设为 300 像素/英寸,如图 4-2 所示。

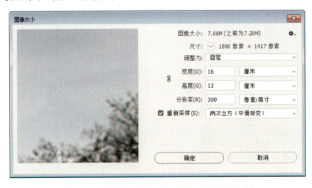

图 4-2　设置【图像大小】对话框参数

（4）单击"确定"按钮，白宫图像的尺寸被改为 16cm×12cm，分辨率被改为 300 像素/英寸。

（5）在工具箱中选取"移动工具"按钮，把白宫的图像拖入新建的图像中，并把它调整到合适的位置。

（6）先把图 04-1b.jpg 设为当前图像，然后在工具箱中选取"魔棒工具"按钮。在"魔棒工具"选项栏把"容差值"设为 10 像素，选取"消除锯齿"和"连续"两个选项，其他选用默认值。

（7）单击绿色的背景，在菜单栏单击"选择"→"选取相似"命令，然后选取"选择"→"反选"命令，或者按<Shift+Ctrl+I>组合键，选取一群儿童的图像。在工具箱中选取"移动工具"按钮，将一群儿童的图像拖入新建的图像中，并把它调整到合适的位置。然后按住<Alt>键，调整一群儿童图像的大小，合成后的图像如图 4-3 所示。

图 4-3　合成后的图像

4.2　美女图像与油菜花背景图像的合成

（1）创建一个新文件，把"预设详细信息"设为"美女与油菜花"、"宽度"设为 16cm、"高度"设为 12cm、"分辨率"设为 300 像素/英寸；对"颜色模式"选取"RGB 颜色，8 位"，"背景内容"选取"白色"。

（2）打开\素材\第 4 章\04-2a.jpg 和 04-2b.jpg，油菜花与美女的图像如图 4-4 所示。

（a）油菜花　　　　　　　　　　　　　　（b）美女

图 4-4　油菜花与美女的图像

(3) 把图 04-2a.jpg 设为当前图像,在菜单栏单击"图像"→"图像大小"命令;在【图像大小】对话框中把"调整为"设为"自定"、"宽度"设为 16cm、"高度"设为 12cm、"分辨率"设为 300 像素/英寸。

(4) 单击"确定"按钮,油菜花图像的尺寸被改为 16cm×12cm,分辨率改为 300 像素/in。

(5) 在工具箱中选取"移动工具"按钮 ,将油菜花的图像拖入新建的图像中,并把它调整到合适的位置。

(6) 把图 04-2b.jpg 设为当前图像,在工具箱中选取"快速选择工具"按钮 ,选取美女的整个图像为选区,如图 4-5 所示。

(7) 在工具箱中选取"移动工具"按钮 ,将美女图像拖入新建的图像中,并把它调整到合适的位置,然后调整美女图像的大小,合成后的图像如图 4-6 所示。

图 4-5　选取美女的整个图像为选区

图 4-6　合成后的图像

4.3 树林、天空、汽车和人物图像的合成

(1) 创建一个新文件,把"宽度"设为 16cm、"高度"设为 12cm、"分辨率"设为 300 像素/英寸;对"颜色模式"选取"RGB 颜色,8 位","背景内容"选取"白色"。

(2) 打开\素材\第 4 章\04-3a.jpg、04-3b.jpg、04-3c.jpg、04-3d.jpg,展示的树林、天空、汽车、人物的图像如图 4-7 所示。

(3) 把图 04-3a.jpg 设为当前图像,在菜单栏中单击"图像"→"图像大小"命令;在【图像大小】对话框中把"调整为"设为"自定"、"宽度"设为 16cm、"高度"设为 12cm、"分辨率"设为 300 像素/英寸。设置完毕,单击"确定"按钮,树林图像的尺寸被改为 16cm×12cm,分辨率被改为 300 像素/英寸。

(4) 在【图层】控制面板中双击"背景"图层,将其改名为"图层 0"。

(5) 在工具箱中选取"魔棒工具"按钮 ,在"魔棒工具"选项栏把"容差值"设为 10 像素;选取"✓消除锯齿"和"✓连续"两个选项,其他选用默认值。在图像中单击天空中的白色区域,然后在菜单栏单击"选择"→"选取相似"命令,按<Delete>键,删除白色部分,使白色变成透明色,如图 4-8 所示。最后,按<Ctrl+D>组合键,取消选区。

(a)树林

(b)天空

(c)汽车

(d)人物

图 4-7　树林、天空、汽车、人物的图像

（6）在工具箱中选取"移动工具"按钮，将树林图像拖入新建的图像中，并把它调整到合适的位置，把拖入的图像放在"图层 1"中。

（7）把图 04-3b.jpg 设为当前图像，在工具箱中选取"移动工具"按钮，将天空的图像拖入新建的图像中，并把它调整到合适的位置。把拖入的图像放在"图层 2"中，并把"图层 2"放在"图层 1"的下方，如图 4-9 所示。

图 4-8　使白色变成透明色

图 4-9　把"图层 2"放在"图层 1"的下方

（8）使树林中的天空变成阴天，如图 4-10 所示。

（9）把图 04-3c.jpg 设为当前图像，在工具箱中选取"快速选择工具"按钮，选取汽车的整个轮廓为选区。然后在工具箱中选取"移动工具"按钮，将汽车图像拖入新建的图像中，并调整汽车轮廓的大小，汽车在树林中的位置和大小如图 4-11 所示，此时汽车的图像放在"图层 3"中。

图 4-10　使天空变成阴天

图 4-11　汽车在树林中的位置和大小

（10）在【图层】面板中选取"图层 1"，然后在工具箱中选取"钢笔工具"按钮，在工具设置栏对"选择工具模式"选取"路径"，如图 4-12 所示。

图 4-12　对"选择工具模式"选取"路径"

（11）单击"缩放工具"按钮，将图形放大后，再选取树干的一部分作为选区，如图 4-13 所示。

（12）在菜单栏中单击"编辑"→"拷贝"命令。

（13）先按<Ctrl+D>组合键取消选区，然后在【图层】面板中选取"图层 3"，在工具箱中选取"移动工具"按钮，将汽车图像拖到树干的位置，如图 4-14 所示。

图 4-13　选取树干作为选区

图 4-14　将汽车图像拖到树干的位置

(14)在菜单栏中单击"编辑"→"拷贝"命令,并将粘贴的树干放在合适的位置,汽车就显示的效果在树干的后面。在车身前放置树干如图4-15所示,根据需要按键盘上的方向键"→""←""↑""↓",就可以对树干位置进行微调。

(15)采用相同的方法,对人物图像建立选区后,再把它拖入上一步合成的图像中。人物在合成图中的大小和位置如图4-16所示。

图4-15 在车身前面放置树干　　　　　　图4-16 人物在合成图中的大小和位置

4.4 汽车与树林图像的合成

(1)打开\素材\第4章\04-4a.jpg 和 04-4b.jpg。

(2)把 04-4b.jpg 设定为当前图像,在工具箱中选取"快速选择工具"按钮,选取汽车整个图像。然后在工具箱中选取"移动工具"按钮,将汽车图像拖入树林图像中,并调整其大小,如图4-17所示。

(3)在【图层】面板中选取汽车图像所在的"图层1",在【图层】面板的下方单击"添加图层蒙版"按钮,在"图层1"中添加图层蒙版,如图4-18所示。

图4-17 将汽车图像拖入树林图像中　　　　图4-18 在"图层1"中添加图层蒙版

(4)把前景色设置为黑色,在工具箱中选择"画笔工具"按钮。先选取带有图层蒙版的图层,再将树干涂抹出来,如图4-19所示。

（5）新建一个图层，将不透明度调为 35%。利用"画笔工具"，给汽车添加阴影，效果如图 4-20 所示。

图 4-19　将树干涂抹出来　　　　　　　　图 4-20　给汽车增加阴影之后的效果

4.5　窗外风景图像合成

（1）创建一个新文件，把"预设详细信息"设为"窗外风景"、"宽度"设为 16cm、"高度"设为 12cm、"分辨率"设为 300 像素/英寸；对"颜色模式"选取"RGB 颜色，8 位"，"背景内容"选取"白色"。

（2）打开\素材\第 4 章\04-5a.jpg、04-5b.jpg，展示的窗户和沙滩如图 4-21 所示。

　　　　　（a）窗户　　　　　　　　　　　　　　　（b）沙滩

图 4-21　窗户和沙滩

（3）把图 04-5a.jpg 设为当前图像，在工具箱中选取"多边形套索工具"按钮，选取窗户的边沿作为选区（按住<Shift>键，可以选取多个选区），如图 4-22 所示。

（4）按<Ctrl+J>组合键，将所选择的图像复制到"图层 1"中。

（5）将 04-5b.jpg 图像拖入 04-5a.jpg 图像中。

（6）按<Ctrl+Alt+G>组合键，创建剪贴蒙版，窗户外原来的景色被沙滩代替，如图 4-23 所示。

提示：这种拼图的优点是没有破坏原图。

图 4-22 选取窗户的边沿作为选区

图 4-23 窗户外原来的景色被沙滩代替

4.6 合成照片

（1）创建一个新文件，把"预设详细信息"设为"合成照片"、"宽度"设为 16cm、"高度"设为 12cm、"分辨率"设为 300 像素/英寸；对"颜色模式"选取"RGB 颜色，8 位"，"背景内容"选取"白色"。

（2）打开\素材\第 4 章\04-6a.jpg，在菜单栏中单击"图像"→"图像大小"命令；在【图像大小】对话框中把"宽度"设为 16cm、"高度"设为 12cm、"像素"设为 300 像素/英寸。

（3）单击"移动工具"按钮 ，将 04-6a.jpg 拖入新建的文件中，并把它放在"图层 1"中。

（4）打开\素材\第 4 章\04-6b.jpg，在菜单栏中单击"图像"→"图像大小"命令；在【图像大小】对话框中把"宽度"设为 16cm、"高度"设为 12cm、"像素"设为 300 像素/英寸。

（5）单击"移动工具"按钮 ，将 04-6b.jpg 拖入新建的文件中，并把它放在"图层 2"中。

（6）在【图层】面板的"图层混合模式"下拉列表中选取"正片叠底"选项，如图 4-24 所示。执行"正片叠底"的结果是"图层 1"和"图层 2"的背景层叠加。叠放后的效果如图 4-25 所示。

图 4-24 选取"正片叠底"

图 4-25 叠加后的效果

（7）在【图层】面板中选取"背景"图层、"图层1"和"图层2"，单击鼠标右键，在弹出的快捷菜单中单击"合并图层"命令，把合并后的图层命名为"背景"，如图4-26所示。

（8）在菜单栏中单击"图像"→"调整"→"亮度/对比度"命令，在【亮度/对比度】对话框中把"亮度"值设为-20、"对比度"值设为15，如图4-27所示。设置之后，图像的亮度发生变化。

图 4-26　把合并后的图层命名为"背景"

图 4-27　设置【亮度/对比度】对话框参数

（9）在【图层】面板中单击"创建新图层"按钮 ，创建"图层1"。

（10）把前景色的R、G、B值设置为210、205、220，在工具箱中选取"椭圆选框工具"按钮 ，绘制一个椭圆，并把它填充为前景色，如图4-28中左边的椭圆所示。

（11）选中【图层】面板中选取"图层1"，在工具箱中选取"移动工具"按钮 。然后，按住<Alt>键，拖动椭圆，复制2个新的椭圆。

（12）打开\素材\第4章\04-6c.jpg、04-6d.jpg、04-6e.jpg，分别在3个人物头像附近建立椭圆选区，然后把它们拖入图4-29中的3个椭圆选区中；按住<Shift>键，调整人物头像的大小，合成之后的效果如图4-29所示。

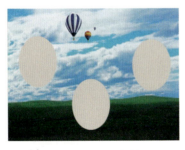

图 4-28　创建3个椭圆

图 4-29　合成之后的效果

4.7　狮头和虎身图像合成

（1）打开\素材\第4章\04-7a.jpg和04-7b.jpg。

（2）把04-7a.jpg设为当前图像，在工具箱中选取"快速选择工具"按钮 ，选取狮子的头像作为选区，如图4-30所示。

（3）单击"移动工具"按钮 ，把狮子的头像拖到老虎图像上。

（4）在菜单栏中单击"编辑"→"变换"→"缩放"命令，调整狮子头像的大小，使其与老虎身材相协调。

（5）在工具箱中选取"仿制图章工具"按钮，把画笔大小设置为20像素，在【图层】面板中选取"背景"图层。按住<Alt>键，在老虎的图像上单击一下，吸取老虎身上的颜色；然后松开<Alt>键，在【图层】面板中选取"图层1"，把"不透明度"设为90%。在狮子头像的周围移动光标，使狮子头像与老虎身材色调相符。合成效果如图4-31所示。

图4-30　选取狮子的头像作为选区

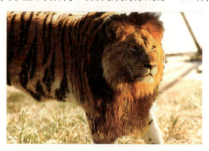
图4-31　合成效果

4.8　虎身人面图像的合成

（1）打开\素材\第4章\04-8a.jpg 和 04-8b.jpg。

（2）把 04-8b.jpg 设为当前图像，在工具箱中选取"套索工具"按钮。在"套索工具"选项栏中把"羽化"设为30像素，选取小孩的面部作为选区，如图4-32所示。

（3）单击"移动工具"按钮，把小孩的头像拖到老虎头像上，并调整其大小，如图4-33所示。

（4）在菜单栏中单击"编辑"→"变换"→"旋转"命令，调整小孩头像的角度，使其与老虎身材相协调。

（5）在工具箱中单击"橡皮擦工具"按钮，把画笔大小设置为20像素，在【图层】面板中选取"图层1"，把"不透明度"设为90%；在小孩头像的周围擦除多余部分，使小孩头像与老虎的色调相符，修饰效果如图4-34所示。

图4-32　选取小孩的面部作为选区

图4-33　把小孩的头像拖到老虎头像上

图4-34　修饰效果

4.9 橙子与足球图像合成

(1) 打开\素材\第 4 章\04-9a.jpg 和 04-9b.jpg。

(2) 把 04-9a.jpg 设为当前图像,在工具箱中选取"快速选择工具"按钮,选取橙子和叶子的图像;选取"移动工具"按钮,将橙子移到足球图像中,并使它完全覆盖足球,如图 4-35 所示。

(3) 在【图层】面板中选取橙子图像所在的"图层 1",在【图层】面板的下方单击"添加图层蒙版"按钮。此时【图层】面板上增加了一个图层蒙版,参考图 4-18。

(4) 把前景色设置为黑色,选择"画笔工具"按钮,先选取带有图层蒙版的图层,再将足球涂抹出来,如图 4-36 所示。

(5) 采用相同的方法,在另一个足球上添加树叶,如图 4-37 所示。

图 4-35　将橙子移到足球图像中

图 4-36　选取带有图层蒙版的图层,再将足球涂抹出来

图 4-37　在另一个足球上添加树叶

4.10 衣服图案合成

(1) 打开\素材\第 4 章\04-10a.jpg 和 04-10b.jpg,并把 04-10b.jpg 设为当前文件。在菜单栏中单击"编辑"→"定义图案"命令,将花纹定义为图案。

(2) 切换到\04-10a.jpg 图像,在工具箱中单击"快速选择工具"按钮,选取衣服作为选区,如图 4-38 所示。

(3) 在菜单栏中单击"图层"→"新建填充图层"→"图案"命令,在【新建图层】对话框中单击"确定"按钮,在【图案填充】对话框中把"缩放"设为 3%,如图 4-39 所示。

图 4-38　选取衣服作为选区

图 4-39　把"缩放"设为 3%

（4）单击"确定"按钮，把"图层混合模式"设为"线性光"、"不透明度"设为90%，如图4-40所示，图案填充效果如图4-41所示。

图4-40　设置"图层混合模式"和"不透明度"　　　　图4-41　图案填充效果

4.11　水杯贴图

（1）打开\素材\第4章\04-11a.jpg和04-11b.jpg，把花纹图像拖到水杯表面，如图4-42所示。

（2）先选中"图层1"，再按<Ctrl+T>组合键，进入自由变换状态。然后把光标放在图像上，单击鼠标右键，在弹出的快捷菜单中选取"变形"命令，将花纹图案拖到水杯图像合适的位置，如图4-43所示。

（3）用鼠标左键按住图案的任一位置进行微调，使之达到最佳效果。微调完毕，按<Enter>键确认，合成效果如图4-44所示。

图4-42　把花纹图像拖到　　　图4-43　将花纹图案拖到　　　图4-44　合成效果
　　　　水杯表面　　　　　　　　　水杯图像合适的位置

4.12　给模特换衣服

（1）打开\素材\第4章\04-12a.jpg和04-12b.jpg，将04-12b.jpg设为当前图像，并选取整个布料的轮廓作为选区，如图4-45所示。按住<Ctrl+C>组合键，进行复制。

（2）将04-12a.jpg设为当前图像，在工具箱中单击"快速选择工具"按钮，选取模特上身的衣服轮廓作为选区，如图4-46所示。

(3)按住<Shift+Ctrl+Alt+V>组合键进行粘贴,并调整其大小,更换衣服花纹之后的效果如图 4-47 所示。

图 4-45　选取整个布料的轮廓作为选区

图 4-46　选取模特上身的衣服轮廓作为选区

图 4-47　更换衣服花纹之后的效果

(4)更换颜色后,衣服上没有褶子,没有透视感,显得不自然,需要按以下步骤调整。

(5)先选中"图层 1",再把"混合模式"设为"颜色",如图 4-48 所示。

(6)模特的衣服颜色由两种颜色合成,形成一种新的颜色,并产生明显的褶子效果,如图 4-49 所示。

图 4-48　将"混合模式"设为"颜色"

图 4-49　褶子效果

4.13　日历设计

(1)创建新文件,把"预设详细信息"设为"日历"、"宽度"设为 16cm、"高度"设为 12cm,"分辨率"设为 300 像素/英寸;对"颜色模式"选取"RGB 颜色,8 位","背景内容"选取"白色"。

(2)打开\素材\第 4 章\04-13a.jpg,单击"移动工具"按钮✥,将 04-13a.jpg 拖入新建的图像中，并调整其大小，如图 4-50 所示。该图像放在"图层 1"中。

（3）单击"横排文字工具（T）"按钮，单击工具设置栏的"切换字符和段落面板"按钮。在【字符】面板中对"字体"选取"宋体"，把"大小"设为 20 点、"水平缩放"为 72%，如图 4-51 所示。

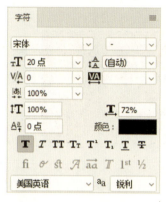

图 4-50　将 04-13a.jpg 拖入新建的图像中　　　　图 4-51　设置【字符】面板参数

（4）设置完毕，输入两行文字，如图 4-52 所示。

图 4-52　输入两行文字

（5）为了使上、下两行文字对齐，应把数字 1~10 之间的"水平缩放"设为 72%，把数字 10~31 之间的"水平缩放"设为 53%，其他参数不变，如图 4-53 所示。

（6）输入"2017 丙申鸡年""五月"等字符，如图 4-54 所示。

图 4-53　"水平缩放"值设置　　　　图 4-54　输入"2017 丙申鸡年""五月"等字符

（7）在【图层】面板中单击"创建新图层"按钮，新建"图层2"。

（8）在工具箱中单击"椭圆选框工具"按钮，在设置栏中对"样式"选取"正常"，建立一个椭圆选区，如图4-55所示。

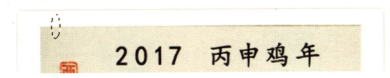

图4-55　建立一个椭圆选区

（9）在菜单栏中单击"编辑"→"描边"命令，在【描边】对话框中把"宽度"设为10像素，把颜色设为黑色。设置完毕，单击"确定"按钮，描边效果如图4-56所示。

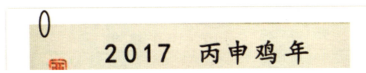

图4-56　描边效果

（10）在工具箱中单击"矩形选框工具"按钮，在设置栏中对"样式"选取"正常"，建立一个矩形选区，如图4-57所示。

（11）按<Delete>键，删除部分椭圆，如图4-58所示。

图4-57　建立一个矩形选区　　　　　　图4-58　删除部分椭圆

（12）在【图层】面板中单击"创建新图层"按钮，新建"图层3"。

（13）在工具箱中单击"矩形选框工具"按钮，在设置栏中对"样式"选取"正常"；建立一个矩形选区，并把它填充为灰色，把R、G、B值分别设为125、125、125，按<Ctrl+D>组合键，取消选区，效果如图4-59所示。

（14）在【图层】面板中将"图层2"放在"图层3"的上面，使灰色区域在黑色椭圆以下，效果如图4-60所示。

（15）在【图层】面板中选取"图层2"和"图层3"，单击鼠标右键，在弹出的快捷菜单中单击"合并图层"命令。

图 4-59　填充为灰色　　　　　　　图 4-60　使灰色区域在黑色椭圆以下

（16）在工具箱中单击"移动工具"按钮，按住<Alt>键，然后拖动椭圆和矩形块，最终的日历效果如图 4-61 所示。

图 4-61　最终的日历效果

第 5 章 抠图的基本方法

本章以几个简单的实例，详细介绍 Photoshop 抠图的基本方法。

5.1 使用路径方式抠图

1. 描绘鲤鱼

（1）打开\素材\第 5 章\05-1a.jpg，使用"钢笔工具"按钮 ⬙，沿鲤鱼图像外轮廓绘制一条封闭的路径，如图 5-1 所示。按<Ctrl+C>组合键，复制路径。

（2）新建一个文件，把"宽度"设为 20cm、"高度"设为 16cm、"分辨率"设为 300 像素/英寸；对"颜色模式"选取"RGB 颜色，8 位"，"背景内容"选取"白色"。

（3）按<Ctrl+V>组合键，将复制的鲤鱼轮廓粘贴到新文件中。按<Ctrl+T>组合键，将出现自由变化定界框后，再按<Shift+Alt>组合键，调整鲤鱼轮廓的大小，如图 5-2 所示。

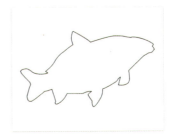

图 5-1　沿鲤鱼图像外轮廓绘制一条封闭的路径　　图 5-2　将复制的鲤鱼轮廓粘贴到新文件中

（4）在【图层】面板中选取"路径"选项，如图 5-3 所示。

（5）在【图层】面板下方单击"将路径作为选区载入"按钮 ⬚，如图 5-4 所示。

图 5-3　在【图层】面板中选取"路径"选项　　图 5-4　单击"将路径作为选区载入"按钮

（6）在【图层】面板中选取"图层"选项，创建"图层 1"。将前景色变为黄色，把 R、G、B 值分别设为 255、255、0，并按<Alt+Delete>组合键，将选区填充为黄色，如图 5-5 所示。

（7）在菜单栏中单击"编辑"→"描边"命令，在【描边】对话框中把"宽度"设为 2 像素，把颜色设为"红色"，把 R、G、B 值分别设为 255、0、0，将鲤鱼的轮廓描绘成红色。

（8）将前景色变为白色，并用画笔工具描绘出鲤鱼的眼睛，如图 5-5 所示。

（9）先选中"图层 1"，然后在【图层】面板中单击"添加图层样式"按钮 fx，在弹出的快捷菜单中单击"投影"命令，在【图层样式】对话框中对"混合模式"选取"正常"，把"不透明度"设为 50%，把"距离"设为 30 像素，其他参数选取默认值。设置完毕，单击"确定"按钮，鲤鱼的图像上就增加了阴影效果，如图 5-6 所示。

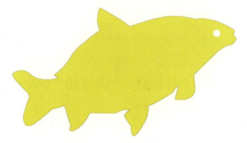

图 5-5　将选区填充为黄色

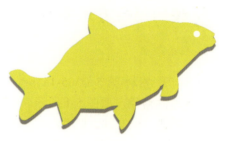

图 5-6　增加的阴影效果

2．描绘苹果

（1）打开\素材\第 5 章\05-1b.jpg，使用"钢笔工具"按钮，沿苹果外轮廓绘制一条封闭的路径，如图 5-7 所示。按<Ctrl+C>组合键，复制路径。

（2）新建一个文件，把"宽度"设为 20cm、"高度"设为 16cm、"分辨率"设为 300 像素/英寸；对"颜色模式"选取"RGB 颜色，8 位"，"背景内容"选取"白色"。

（3）按<Ctrl+V>组合键，将复制的苹果轮廓粘贴到新文件中。然后按<Ctrl+T>组合键，待出现自由变化定界框后，按<Shift+Alt>组合键，调整苹果轮廓的大小，如图 5-8 所示。

图 5-7　沿苹果外轮廓绘制一条封闭的路径

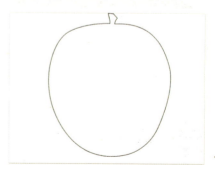

图 5-8　将轮廓粘贴到新文件中

(4)在【图层】面板中选取"路径",参考图5-3。

(5)在【图层】面板下方单击"将路径作为选区载入"按钮,参考图5-4。

(6)在【图层】面板中选取"图层"选项,再创建"图层1"。将前景色变为红色,把R、G、B值分别设为255、0、0,把背影色设为黄色,把R、G、B值分别设为255、255、0。

(7)在工具箱中选取"渐变工具"按钮,从前景色到背景色的渐变填充,如图5-9所示。

(8)保留选区,新建"图层2",将前景色设为黑色。按<Alt+Delete>组合键将"图层2"填充为黑色,把"不透明度"设为50%,如图5-10所示。将"图层2"放在"图层1"下面。

(9)选取"移动工具"按钮,然后分别按键盘上的方向键→和↓若干次,直到形成苹果的阴影效果为止,如图5-11所示。

图5-9 从前景色到背景色的渐变填充　　图5-10 设置【图层】面板参数　　图5-11 形成苹果的阴影效果

3. 描绘小鸟

(1)打开\素材\第5章\05-1c.jpg,使用"钢笔工具"按钮,沿小鸟外轮廓绘制一条封闭的路径,如图5-12所示。按<Ctrl+C>组合键,复制路径。

(2)新建一个文件,把"宽度"设为20cm、"高度"设为16cm、"分辨率"设为300像素/英寸;对"颜色模式"选取"RGB颜色,8位","背景内容"选取"白色"。

(3)按<Ctrl+V>组合键,将复制的小鸟轮廓粘贴到新文件中。然后按<Ctrl+T>组合键,待出现自由变化定界框后,按<Shift+Alt>组合键,调整小鸟轮廓的大小,如图5-13所示。

图5-12 沿小鸟外轮廓绘制一条封闭的路径　　图5-13 将复制的小鸟将轮廓粘贴到新文件中并调整其大小

（4）在【图层】面板中先选取"路径"，再单击"将路径作为选区载入"按钮。

（5）在【图层】面板中选取"图层"选项，再创建"图层1"，将前景色变为绿色，把R、G、B值分别设为0、255、0，将小鸟轮廓填充为绿色，如图5-14所示。

（6）选取"移动工具"按钮，将小鸟移至右上角后。然后，按住<Alt>键，拖动第一只小鸟，复制出第二只小鸟，把复制的第二只小鸟放在图层2中。

（7）调整两只小鸟轮廓的大小，将第二只小鸟填充为黄色，把R、G、B值分别设为255、255、0，如图5-15所示。

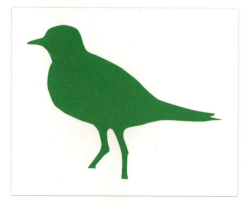
图5-14 将小鸟轮廓填充为绿色

图5-15 复制一只小鸟，将第二只鸟填充为黄色

（8）按住<Ctrl>键，再单击"图层1"的缩览图，以第一只小鸟的轮廓作为选区。然后在菜单栏中单击"编辑"→"描边"命令，在【描边】对话框中把"宽度"设为5像素，把颜色设为"红色"，把R、G、B值分别设为255、0、0，将第一只小鸟的轮廓描绘成红色。

（9）采用相同的方法，将第二只小鸟轮廓描绘成黑色，如图5-16所示。

（10）将前景色改为黑色。在工具箱中单击"椭圆选框工具"按钮，按住<Shift>键，画出一个圆形作为小鸟眼睛，并把它填充为黑色，如图5-16所示。

（11）选取"图层1"。按住<Ctrl>键，单击"图层1"的缩览图，建立选区。在菜单栏中单击"选择"→"修改"→"羽化"命令，在【羽化选区】对话框中把"羽化半径"设为10像素。

（12）创建"图层3"。在【图层】面板中将"图层3"放在"图层1"的下方，并将"图层3"的"不透明度"设为50%。

（13）将前景色改为黑色，选中"图层3"后，再按住<Alt+Delete>组合键，把选区填充为黑色。

（14）选取"移动工具"按钮，然后分别按键盘上的方向键←和↓若干次，直到形成阴影效果为止，如图5-17所示。

（15）创建"图层4"，并将"图层4"放在"图层2"的下方。按上述方法，创建第二只小鸟的阴影，如图5-17所示。

图 5-16　给两只小鸟的轮廓描边

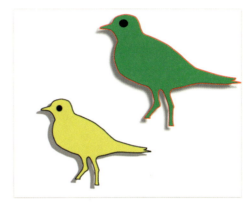

图 5-17　形成阴影效果

5.2 使用"魔棒工具"抠图

在魔棒工具属性栏中有一项"容差"值的设置,当该值很低时,只选择与单击点像素非常相似的颜色;当该值很高时,对像素相似程度要求越低,可选择的颜色范围更广。

(1)新建一个文件,把"宽度"设为20cm、"高度"设为16cm、"分辨率"设为300像素/英寸;对"颜色模式"选取"RGB 颜色,8 位","背景内容"选取"白色"。

(2)打开\素材\第 5 章\05-2a.jpg,在工具箱中选取"魔棒工具"按钮。在"魔棒工具"选项栏中把"容差值"设为 60 像素,选取 消除锯齿 和 连续 两个选项,其他选用默认值。按住<Shift>键,选择其中一个蓝色的圆球,如图 5-18 所示。

(3)在菜单栏中单击"选择"→"选择相似"命令,然后在工具箱中选取"移动工具"按钮,把篮球图像拖入新建的图像中,并把它调整到合适的位置,如 5-19 所示。

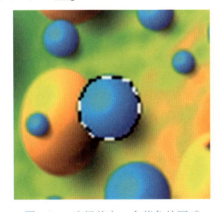

图 5-18　选择其中一个蓝色的圆球

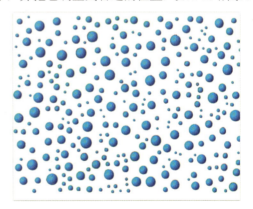

图 5-19　把篮球图像拖入新建的图像中

(4)把前景色设为灰色,把 R、G、B 值分别设为 185、185、185。设置完毕,按住<Ctrl>键,单击"图层 1"的缩览图,选中所有篮球;再按住<Alt+Delete>组合键,将所有选中的篮球改为灰色。

（5）新建"图层2"，将前景色改为红色，在工具箱中单击"椭圆选框工具"按钮。按住<Shift>键，画一个圆形，并把它填充为红色，如图5-20所示。

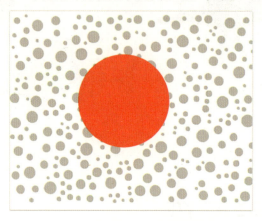

图5-20　画一个圆形，并把它填充为红色

（6）在【图层】面板中单击"添加图层样式"按钮 fx，在弹出的快捷菜单中单击"外发光"命令；在【图层样式】对话框中对"混合模式"选取"正常"选项，把"不透明度"设为50%；选取"色谱渐变"，把"扩展"设为10%、"大小"设为250像素，其他参数选取默认值，如图5-21所示。

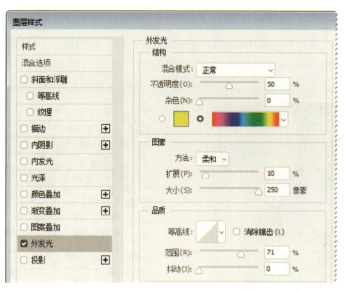

图5-21　设置【图层样式】对话框参数

（7）单击"确定"按钮，在圆形的周围生成彩虹环形，如图5-22所示。

（8）打开\素材\第5章\05-2b.jpg，在工具箱中选取"魔棒工具"按钮，在"魔棒工具"选项栏中把"容差值"设为100像素；选取"消除锯齿"和"连续"两个选项,选取蓝色的天空部分;在菜单栏中单击"选择"→"反选"命令,然后在工具箱中选取"移动工具"按钮✥,将小孩图像拖入新建的图像中,调整其位置。最后合成的效果如 5-23 所示。

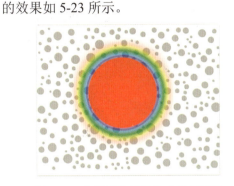

图 5-22　在圆形的周围生成彩虹环形

图 5-23　最后合成的效果

5.3 使用"快速选择工具"抠图

"快速选择工具"与"魔棒工具"作用类似,但它们的使用方法略有不同。选取"快速选择工具"后,拖动光标,就可以将光标的移动轨迹设定为选区。

(1)打开\素材\第 5 章\05-2c.jpg 和 05-2e.jpg,并把 05-2e.jpg 设为当前图像。单击"快速选择工具"按钮✐,在工具属性栏中调整画笔的大小,如图 5-24 所示。在图像中按住鼠标左键拖动光标,选取整个人物图像,如图 5-25 所示。注意:按住<Alt>键,拖动光标,可以取消已选定的选区。

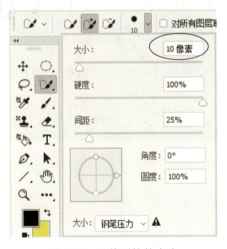

图 5-24　调整画笔的大小

图 5-25　选取整个人物图像

(2)在工具箱中选取"移动工具"按钮✥,将人物图像拖入当前图像中,调整其位置,效果如图 5-26 所示。

(3) 按照第 4 章的方法，把 05-2d.jpg 中的滑雪人物图像拖入上一步合成的图像中。最终合成效果如图 5-27 所示。

图 5-26　拖入人物图像之后的效果

图 5-27　最终合成效果

5.4　使用"磁性套索工具"抠图

当选择的图像与其周围颜色具有较大的色差时，使用"磁性套索工具"比较方便。

（1）打开\素材\第 5 章\05-2f.jpg 和 05-2g.jpg，并设定 05-2f.jpg 为当前图像，选取"磁性套索工具"按钮 ，按住鼠标左键拖动光标，选取狗的整个图像，如图 5-28 所示。

（2）将选区拖入图 05-2g.jpg 中，先单击"编辑"→"变换"→"水平翻转"命令再单击"编辑"→"变换"→"缩放"命令，将狗的图像翻转之后，再调整其大小，最终效果如图 5-29 所示。

图 5-28　选取狗的整个图像

图 5-29　最终

5.5　使用"蒙版"抠图

在 Photoshop CC 2019 中，蒙版是一种用于遮盖图像的工具，可以将部分图像隐藏起来，从而控制画面的显示内容，其种类可以分为"快速蒙版""矢量蒙版""剪贴蒙版"和"图层蒙版"等。蒙版中的黑色功能就是蒙住当前图层的内容，显示当前图层下面的图层内容；蒙版中的白色功能则是显示当前图层的内容；蒙版中的灰色功能则是半透明状，使当前图层下面的图层内容若隐若现。

1. 使用"快速蒙版"抠图

"快速蒙版"是一种临时性的蒙版，先创建一个大致的选区，然后单击工具箱底部的"以快速蒙版模式编辑"按钮，暂时在图像表面产生透明红色显示的区域。使用"画笔工具"在图像边缘进行修饰，使选区更加准确。再次单击"以快速蒙版模式编辑"按钮，即可获得选区。

（1）打开\素材\第 5 章\05-3a.jpg，并建立一个矩形选区，如图 5-30 所示。

（2）在工具条下方单击"以快速蒙版模式编辑"按钮⃝，如图 5-31 所示，蒙版以透明红色显示，如图 5-32 所示。

图 5-30　建立一个矩形选区

图 5-31　单击"以快速蒙版
模式编辑"按钮

图 5-32　蒙版以透明
红色显示

（3）用"画笔工具"在图像边缘涂抹，效果如图 5-33 所示。

（4）将石头以外的区域全部涂抹成红色，如图 5-34 所示。

（5）再次单击"以快速蒙版模式编辑"按钮⃝，创建选区，如图 5-35 所示。

图 5-33　在图像边缘
涂抹后的效果

图 5-34　把石头以外的区域
全部涂抹成红色

图 5-35　创建选区

2. 使用"矢量蒙版"抠图

"矢量蒙版"是以钢笔工具、形状工具等创建的区域，通过路径或矢量形状来控制图像的显示区域。

（1）新建一个文件，图像尺寸为 16cm×12cm，前景色为"#ffb195"，背景色为"#fff2e6"，按径向渐变填充后，效果如图 5-36 所示。

（2）打开\素材\第 5 章\05-3b.jpg，把它拖进新文件中，如图 5-37 所示。

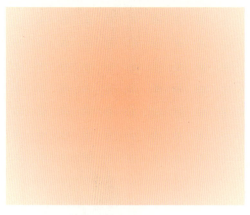

图 5-36　按径向渐变填充后的效果　　　　　图 5-37　将 05-3b.jpg 拖进新文件中

（3）在工具箱中选取"自定义形状工具"按钮，在属性栏左侧选取"路径"；先单击"形状"右边的"√"按钮，再单击按钮，在弹出的快捷菜单中选取"全部"命令，选取其中的一个花纹，如图 5-38 所示。

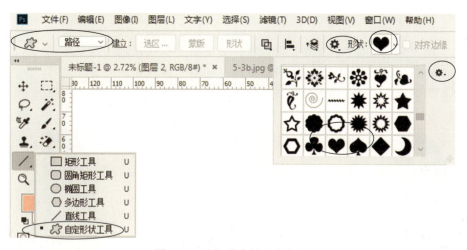

图 5-38　选取其中的一个花纹

（4）按住<Alt>键，在图像中绘制花纹路径，如图 5-39 所示。

（5）先选取"图层 2"，然后在菜单栏中单击"图层"→"矢量蒙版"→"当前路径"命令，创建矢量蒙版，路径区域以外的图像全部隐藏，如图 5-40 所示。

图 5-39　在图像中绘制花纹路径　　　　　图 5-40　路径区域以外的图像全部隐藏

3. 使用"剪贴蒙版"抠图

"剪贴蒙版"是通过下方图层图像的形状来控制上方图层图像的显示区域。

（1）打开\素材\第 5 章\05-3c.jpg，并用"钢笔工具"按钮，沿镜框和口红的边沿创建选区，如图 5-41 所示。

（2）新建一个图层，命名为"图层 1"，并把填充为黑色，如图 5-42 所示。然后取消选区。

图 5-41　创建选区　　　　　　　　　　　图 5-42　将图层填充为黑色

（3）打开\素材\第 5 章\05-3d.jpg，把它拖入第二张图像中，并按<Ctrl+T>组合键，调整其大小和角度，效果如图 5-43 所示。

（4）单击"图层"→"创建剪贴蒙版"命令，按住<Ctrl+Alt+G>组合键，或者按住<Alt>键，再单击"图层 2"和"图层 1"之间的横线，即可替换镜子中的图像，如图 5-44 所示。

图 5-43　调整大小和角度之后的效果　　　　图 5-44　替换镜子中的图像

4. 使用"图层蒙版"抠图

"图层蒙版"主要用来遮盖住图像中不需要显示的部分,从而控制图像的显示范围。

(1)打开\素材\第 5 章\05-3e.jpg,再单击"图层"面板底部的"添加图层蒙版"按钮 ▢,【图层】面板参数设置如图 5-45 所示。

(2)打开\素材\第 5 章\05-3f.jpg,使用"移动工具"把 05-3f.jpg 拖至当前编辑的文件中。然后,沿人物轮廓建立选区,如图 5-46 所示。

图 5-45　【图层】面板参数设置

图 5-46　沿人物轮廓建立选区

(3)先在菜单栏中单击"选择"→"反选"命令,继续在菜单栏中单击"图层"→"图层蒙版"→"应用"命令,将选区内的图像全部隐藏,只显示人物与汽车,如图 5-47 所示。

图 5-47　只显示人物与汽车

5.6　通过通道抠图

通道用于存放颜色和选区的信息,一个图像最多有 56 个通道。在实际应用中,通道是选取图层中某一部分图像的重要工具。用户可以分别对每个颜色通道进行明暗度、对比度的调整,甚至可以对颜色通道单独执行滤镜功能,从而产生各种图像特效。

(1) 打开\素材\第 5 章\05-4a.jpg，图像中树枝颜色与背景颜色对比度相差不大，如图 5-48 所示。如果使用"魔棒工具"或其他选区工具，都很难使树枝从背景中分开，而使用通道抠图就比较简单。

(2) 单击【图层】面板底部的"创建新的填充或调整图层"按钮，在弹出的快捷菜单中单击"反相"命令，得到反相图层，图像中的颜色全部反转，如图 5-49 所示。

图 5-48　树枝颜色与背景颜色对比度相差不大　　　图 5-49　图像中的颜色全部反转

(3) 单击【图层】面板底部的"创建新的填充或调整图层"按钮，在弹出的快捷菜单中单击"通道混合器"命令，在"属性"窗口中选取"单色"选项。此时"红色""绿色"和"蓝色"通道的值都为+40%，如图 5-50 所示，得到黑白图像如图 5-51 所示。

图 5-50　选取"单色"选项　　　　　　　图 5-51　黑白图像

(4) 在"属性"窗口中把"红色"通道的滑块向左移动，其值设为+20，减少通道中的红色；把"绿色"通道的滑块向右移动，其值设为+50，把"蓝色"通道的滑块向右移动，其值设为+60，增加通道中的绿色和蓝色，如图 5-52 所示。调整之后增加了天空与树枝颜色的对比度，效果如图 5-53 所示。

(5) 单击【图层】面板底部的"创建新的填充或调整图层"按钮，在弹出的快捷菜单中选取"色阶"命令，在【属性】面板中将阴影和高光的滑块向中间移动，R、G、B 值分别设为 20、1.10、125，如图 5-54 所示。设置完毕，使图像中的深色变为黑色，浅色变为白色，如图 5-55 所示。

图 5-52　调整"红色""绿色"和"蓝色"通道的值

图 5-53　增加天空与树枝颜色的对比度之后的效果

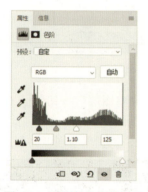

图 5-54　【属性】面板设置

图 5-55　图像中的深色变为黑色，浅色变为白色

（6）切换到【通道】面板，按住<Ctrl>键，再单击 RGB 通道的缩览图，创建树林图像的选区。

（7）切换到【图层】面板，按住<Alt>键，再双击"背景"图层，将其转变为"图层 0"，如图 5-56 所示。

（8）单击"添加图层蒙版"按钮 ，生成白色树枝图像，如图 5-57 所示。

图 5-56　"背景"图层转变为"图层 0"

图 5-57　生成白色树枝图像

（9）单击其他图层的"指示图层可见性"按钮 ⊙，如图 5-58 所示。单击该按钮之后，其他图层隐藏，只显示树木和草地，如图 5-59 所示。

图 5-58　单击"指示图层可见性"按钮

图 5-59　只显示树木和草地

（10）打开\素材\第 5 章\05-4b.jpg，使用"移动工具"把 05-4b.jpg 拖至当前编辑的文件中，并把它放到【图层】面板的底层，替换天空的背景，如图 5-60 所示。

（11）先选中"图层 1"，在菜单栏中单击"图像"→"调整"→"色相/饱和度"命令，调整色相、饱和度和明度的参数，分别把它们设为-12、+22、+40，如图 5-61 所示。设置之后，图像背景颜色与树枝颜色更加融合。

图 5-60　替换天空的背景

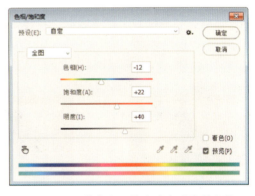

图 5-61　调整色相、饱和度和明度的参数

5.7　使用"命令"抠图

（1）打开\素材\第 5 章\05-5a.jpg 和 05-5b.jpg，把 05-5a.jpg 设定为当前图像，并使用"钢笔工具"按钮 ⌀，在人物图像以内抠出人物轮廓，如图 5-62 所示。按<Ctrl+Enter>组合键，将路径转化为选区，选区在人物图像轮廓以内，如图 5-63 所示。

（2）在菜单栏中单击"选择"→"选择并遮住"命令，在【属性】面板中单击"视图"旁边的"√"符号。然后多次按"F"键,在弹出的快捷菜单中选取"叠加(V)"选项,如图 5-64 所示。图像窗口中显示叠加视图模式如图 5-65 所示。

图 5-62　抠出人物轮廓　　　图 5-63　建立选区　　　图 5-64　选取"叠加"选项

（3）在操作界面的左边选取"画笔工具"按钮 ，再涂抹人物头发的边缘,将头发与背景完全分离,如图 5-66 所示。

（4）在"属性"对话框的下面,单击"边缘检测"旁边的">"符号,把"半径"设为 250 像素。设置完毕,单击"输出设置"旁边的">"按钮,选取"净化颜色"选项。然后在"输出到"栏中选取"新建带有图层蒙版的图层"选项,如图 5-67 所示。

图 5-65　显示叠加视图模式　　图 5-66　涂抹人物头发的边缘　　图 5-67　选取"新建带有图层蒙版的图层"选项

（5）单击"确定"按钮,在【图层】面板中生成带有图层蒙版的图层,如图 5-68 所示。图像的背景变为透明色,如图 5-69 所示。

（6）选取"移动工具"按钮 ,将图像移到 05-5b.jpg 图像中,调整其大小,效果如图 5-70 所示。

  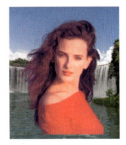

图 5-68　在【图层】面板中生成带有图层蒙版的图层　　图 5-69　图像的背景变为透明色　　图 5-70　将图像移到 05-5b.jpg 图像中

5.8　色彩抠图

1. 单一颜色的色彩抠图

（1）打开\素材\第 5 章\05-6a.jpg，在菜单栏中单击"选择"→"色彩范围"命令。在【色彩范围】对话框中选择"取样颜色"选项，用"吸管工具"  选取花朵中红色区域，然后将"颜色容差"设为 200。

（2）单击"确定"按钮，选取红色的区域作为选区，如图 5-71 所示。

图 5-71　选取红色的轮廓作为选区

（3）将"前景色"设为黄色（R、G、B 值分别为 255、255、0），按住<Alt+Delete>组合键进行颜色填充，将红色区域替换成黄色，效果如图 5-72 所示。

图 5-72　将红色区域替换成黄色的效果

2. 背景是纯色的色彩抠图

（1）打开\素材\第 5 章\05-6b.jpg 和 05-6c.jpg，把 05-6b.jpg 设定为当前图像。

（2）在菜单栏中选取"选择→色彩范围"命令，在【色彩范围】对话框中选取"取样颜色"，勾选"反相（I）"单选框，取消"☑本地化颜色簇（Z）"前面的"√"，如图 5-73 所示。

（3）使用"吸管工具" ，在人物图像的背景区域选取所需要的颜色（在不同的位置选取颜色，效果不相同。在这个实例中，在人物右肩膀附近选取颜色，效果比较好）。然后，拖动"颜色容差"下面的滑块，直至人物图像变为白色、背景变为黑色为止，如图 5-73 所示。

（4）单击"确定"按钮，选取人物的轮廓作为选区。如果有多余的选区，可以单击"快速选择工具"按钮，然后按住<Alt>键，将其消除，并把人物图像移到图 5-6c.jpg 中。最终效果如图 5-74 所示。

图 5-73　设置【色彩范围】对话框参数　　　　图 5-74　最终效果

3. 背景是多种不同颜色的色彩抠图

（1）打开\素材\第 5 章\05-6d.jpg，该图像显示天空中有一架飞机，机身上有多种颜色，如图 5-75 所示。

（2）复制"背景"图层，把它命名为"图层 1"。

（3）选取"图层 1"，在【图层】面板下方单击"创建新的填充或调整图层"按钮；在弹出的快捷菜单中单击"可选颜色…"命令，如图 5-76 所示。

（4）在【图层】面板中创建"选取颜色 1"图层，如图 5-77 所示。

（5）在【属性】面板中对"颜色"选取"红色"，把"黑色"值设为-100%，其他参数不变，如图 5-78 所示。

图 5-75　树林、天空和飞机的图像

图 5-76　单击"可选颜色…"命令

图 5-77　创建"选取颜色 1"图层

图 5-78　设置【属性】面板参数

（6）采用相同的方法，对"颜色"选取"绿色"，把"黑色"值设为+100%；对"颜色"选取"黄色"，把"黑色"值设为+100%；对"颜色"选取"白色"，把"黑色"值设为-100%，对"颜色"选取"青色"，把"黑色"值设为-100%；对"颜色"选取"蓝色"，把"黑色"值设为-100%，如图 5-79～图 5-83 所示。

（7）复制"选取颜色 1"图层，如图 5-84 所示。这个步骤的目的是使颜色对比效果更加明显。必要时，可以再复制一次图层，但多次复制图层会使图像失真。

图 5-79　"绿色"属性设置

图 5-80　"黄色"属性设置

图 5-81　"白色"属性设置

图5-82 "青色"属性设置

图5-83 "蓝色"属性设置

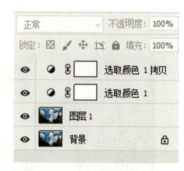
图5-84 复制"选取颜色1"图层

（8）将"背景"图层以外的图层合并，把它命名为"图层1"，合并后的图层分布如图5-85所示。

（9）选取"图层1"，在菜单栏中单击"图像"→"调整"→"去色"命令，使图像呈灰色，如图5-86所示。

图5-85 图层分布

图5-86 图像呈灰色

（10）在工具箱中选择"画笔工具" 和"减淡工具" （注意调整曝光度至100%），把图像需要扣除的地方全部涂抹成白色。选择"加深工具" （注意：曝光度调整至100%），把不需要扣除的树涂抹成黑色，把画面中的黑白部分区别开来即可，如图5-87所示。

注意：不要把图像涂得太过分。

（11）在菜单栏中单击"图像"→"调整"→"去色"命令，使图像呈灰色。

（12）在菜单栏中单击"选择"→"色彩范围"命令，在【色彩范围】对话框中对"选择"选取"阴影"，如图5-88所示。

（13）单击"确定"按钮，选取树森和草地作为选区。

（14）单击"添加图层蒙版"按钮 ，再隐藏"图层1"。图层如图5-89所示。

（15）抠取树林和草地，效果如图5-90所示。

图 5-87　把画面黑白分出来

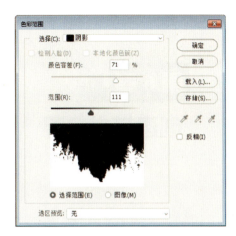

图 5-88　对"选择"选取"阴影"

图 5-89　图层分布

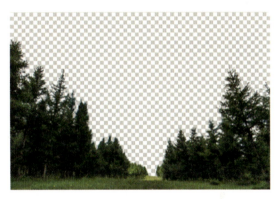

图 5-90　抠取树林和草地

第6章 创建艺术文字

以几个简单的艺术文字为例,详细介绍 Photoshop CC 2019 中的创建艺术文字的基本方法和艺术文字的类型。

6.1 动感文字

(1)创建一个新文件,把"预设详细信息"设为"动感文字",图像大小为"16cm×8cm",对"颜色"模式选取"RGB 颜色,8 位",对"背景内容"选取"白色"。

(2)单击"横排文字工具(T)"按钮,输入"动感"两字,文字大小为 150 点,选取"黑体"字体,把颜色设为黑色,如图 6-1 所示。

(3)先合并文字图层和背景图层,然后在菜单栏中单击"滤镜"→"模糊"→"动感模糊"命令,在弹出的窗口中选取"栅格化"按钮;在【动感模糊】对话框中把"角度"设为 60°、"距离"设为 40 像素。

(4)单击"确定"按钮,生成的"动感模糊"效果如图 6-2 所示。

(5)在菜单栏中单击"滤镜"→"风格化"→"查找边缘"命令,效果如图 6-3 所示。

图 6-1 输入"动感"　　图 6-2 生成的"动感模糊"效果　　图 6-3 "查找边缘"的效果

(6)在菜单栏中单击"图像"→"调整"→"色阶"命令,按图 6-4 设置【色阶】对话框参数,"色阶"效果如图 6-5 所示。

(7)选择"渐变工具"按钮▬,在工具设置栏中对"渐变编辑器"选取"色谱"选项,选取"线性渐变"选项;对"模式"选取"颜色",把"不透明度"设为 100%,如图 6-6 所示。

（8）从左上角向右下角拉出渐变，"线性渐变"的效果如图6-7所示。

图6-4　设置【色阶】对话框参数　　　　图6-5　"色阶"效果

图6-6　参数设置

6.2 钛金文字

（1）创建一个新文件，把"预设详细信息"设为"钛金文字"、图像大小为"16cm×8cm"，选取"RGB颜色，8位"，"背景内容"选取"白色"。

（2）单击"横排文字工具（T）"按钮**T**，输入"钛金"两字，文字大小为180点，选取"黑体"字体，把颜色设为黑色，效果如图6-8所示。

（3）先选择"钛金"文字作为选区，在菜单栏中单击"选择"→"修改"→"扩展"命令，把"扩展量"设为10像素，效果如图6-9所示。

图6-7　"线性渐变"的效果　　图6-8　设置大小、字体和颜色之后的效果　　图6-9　设置像素参数之后的效果

（4）在菜单栏中单击"滤镜"→"模糊"→"高斯模糊"命令，在弹出的窗口中单击"栅格化"按钮。然后在【高斯模糊】对话框中把"半径"设为10像素，生成的"高斯模糊"效果如图6-10所示。

（5）在菜单栏中选取"滤镜"→"风格化"→"浮雕效果"命令，在【浮雕效果】

对话框中把"角度"设为135°、"高度"设为10像素、"数量"设为200%，生成的"浮雕效果"如图6-11所示。

（6）选择"渐变工具"按钮，在"渐变"设置栏中对"渐变编辑器"选取"铜色渐变"选项；选取"线性渐变"选项，对"模式"选取"颜色"，把"不透明度"设为100%。

（7）从左向右拉出线性渐变效果，如图6-12所示。

图6-10　生成的"高斯模糊"效果　　　　图6-11　"浮雕效果"　　　　图6-12　线性渐变效果

6.3　图案文字

（1）创建一个新文件，把"预设详细信息"设为"图案文字"、图像大小设为"16cm×8cm"，对"颜色模式"选取"RGB颜色，8位"，对"背景内容"选取"白色"。

（2）单击"横排文字工具（T）"按钮，输入"美丽"两字，文字大小为180点，选取"黑体"字体，颜色设为黑色，如图6-13所示。

（3）打开\素材\第6章\鲜花.jpg，把鲜花图案拖入当前图像中，形成"图层1"。在【图层】面板中把"图层1"放在"T美丽"图层的上面，如图6-14所示。

（4）按住<Alt>键，在【图层】面板中单击"图层1"和"T美丽"图层之间的横线，形成的图案效果如图6-15所示。

图6-13　输入"美丽"　　　　图6-14　把"图层1"放在　　　　图6-15　形成的
　　　　　　　　　　　　　　　"T美丽"图层的上面　　　　　　　图案效果

6.4　斑点文字

（1）创建一个新文件，把"预设详细信息"设为"斑点文字"、图像大小设为"16cm×8cm"，选取"RGB颜色，8位"，对"背景内容"选取"白色"。

（2）切换到【通道】面板，创建一个"Alpha1"通道。单击"横排文字工具（T）"按钮，输入"春天"两字，文字大小为180点，选取"黑体"字体，颜色R、G、B

值分别设为 100、100、100，字体效果如图 6-16 所示。

（3）在菜单栏单击"滤镜"→"像素化"→"彩色半调"命令，在【彩色半调】对话框中把"最大半径"设为 15 像素，其他参数选用默认值，字体效果如图 6-17 所示。

（4）取消选区。选中 RGB 通道，在菜单栏单击"选择"→"载入选区"命令，然后单击"确定"按钮。

（5）按<Alt+Delete>键，填充黑色后的文字效果如图 6-18 所示。

图 6-16　设置相关参数之后的字体效果

图 6-17　设置"彩色半调"参数之后的效果

图 6-18　填充黑色后的文字效果

6.5　滤镜库文字

（1）创建一个新文件，把"预设详细信息"设为"滤镜库文字"、图像大小设为"16cm×8cm"，对"颜色模式"选取"RGB 颜色，8 位"，对"背景内容"选取"白色"。

（2）单击"横排文字工具（T）"按钮**T**，输入"玻璃"两字，文字大小为 180 点，选取"黑体"字体。

（3）在菜单栏单击"图层"→"栅格化"→"文字"命令，将文字图层栅格化。

（4）设置前景色为白色。

（5）在菜单栏单击"滤镜"→"滤镜库"→"纹理"→"彩色玻璃"命令，把"单元格大小"设为 20、"边框粗细"设为 8、"光照强度"设为 0。设置完毕，单击"确定"按钮，"玻璃"文字效果如图 6-19 所示。

（6）在菜单栏单击"滤镜"→"滤镜库"→"素描"→"便条纸"命令，生成的"素描"文字效果如图 6-20 所示。

（7）把前景色设为白色，背景色设为蓝色，在菜单栏单击"滤镜"→"滤镜库"→"素描"→"粉笔画"命令，生成的"粉笔画"效果如图 6-21 所示。

图 6-19　"玻璃"文字效果　　　图 6-20　"素描"文字效果　　　图 6-21　"粉笔画"效果

6.6 火焰文字

（1）创建一个新文件，把"预设详细信息"设为"火焰文字"、图像大小设为"16cm×8cm"、"分辨率"为300像素/英寸；对"颜色模式"选取"灰度"、"背景内容"选取"黑色"。

（2）单击"横排文字工具（T）"按钮 T，输入"火焰山"三个字，字体大小为150点，选取"黑体"字体，如图6-22所示。

（3）先在菜单栏单击"图像"→"图像旋转"→"顺时针旋转90°"命令，再单击"滤镜"→"风格化"→"风"命令，在弹出的窗口中选取"栅格化"按钮；在【风】对话框中选取"大风"和"从左"选项。设置完毕，单击"确定"按钮，重复5次，生成的"风格化"文字效果如图6-23所示。

（4）在菜单栏单击"图像"→"图像旋转"→"逆时针旋转90°"命令，逆时针旋转90°之后的效果如图6-24所示。

图6-22 设置大小、字体之后的文字效果　　图6-23 "风格化"执行效果　　图6-24 逆时针旋转90°之后的效果

（5）在菜单栏单击"滤镜"→"扭曲"→"波纹"命令，在【波纹】对话框中把"数量"设为400%；对"大小"选取"中"。设置完毕，单击"确定"按钮，生成的"波纹"文字效果如图6-25所示。

（6）在菜单栏先单击"图像"→"模式"→"索引颜色"命令，再单击"图像"→"模式"→"颜色表"→"黑体"命令，如图6-26所示。设置完毕，单击"确定"按钮，最终效果如图6-27所示。

图6-25 "波纹"文字效果　　图6-26 选取"黑体"选项　　图6-27 最终效果

6.7 球面化文字

（1）创建一个新文件，把"预设详细信息"设为"球面文字"、图像大小为"16cm×8cm"，"分辨率"设为 300 像素/英寸；对"颜色模式"选取"RGB"、"背景内容"选取"白色"。

（2）单击"横排文字工具（T）"按钮，输入"新"字，其大小为 120 点，对字体选取"楷体"，把颜色设为红色。然后栅格化文字，在"新"字周围建立圆形选区，如图 6-28 所示。

（3）在菜单栏单击"滤镜"→"扭曲"→"球面化"命令，在【球面化】对话框中把"数量"设为 100%、"模式"设为"正常"，生成的"球面化"文字效果如图 6-29 所示。

（4）在不删除选区的情况下，新建"图层 1"。在工具箱中单击"渐变工具"按钮，设置"白—黄"线性渐变，在选区进行线性渐变，如图 6-30 所示。线性渐变效果如图 6-31 所示。

图 6-28　建立圆形选区　　图 6-29　"球面化"文字效果　　图 6-30　线性渐变方式　　图 6-31　线性渐变效果

（5）将"图层 1"放置在"新"图层的下方，按<Ctrl+D>组合键，取消选区，效果如图 6-32 所示。

（6）按照上面的步骤依次做出"年""大""吉"的球面化效果，如图 6-33 所示。

图 6-32　取消选区后的效果　　图 6-33　"新""年""大""吉"的球面化效果

6.8 立体文字

（1）创建一个新文件，把"预设详细信息"设为"立体文字"、图像大小设为"16cm×8cm"、"分辨率"设为 300 像素/英寸；对"颜色模式"选取"RGB"、"背景内容"选取"白色"。

（2）单击"横排文字工具（T）"按钮 T，输入"奋斗"两字，文字大小为 180 点，对字体选取"楷体"，把颜色设为黑色，然后栅格化文字。

（3）按住<Ctrl>键，在【图层】面板上单击"奋斗"文字的缩览图，将文字载入选区。

（4）按<Delete>键，删除"奋斗"文字后，在不删除选区的情况下，在工具条中单击"渐变工具"按钮，设置"蓝—红—黄"线性渐变，效果如图 6-34 所示。

（5）先按住<Shift+Alt>组合键，再按键盘的上移键（↑）和左移键（←）各一次，然后重复多次，上移和左移后的效果如图 6-35 所示。如果每次移动的距离较大，可以按住<Alt>键，再按相应方向键，每次移动距离较小。

（6）在【图层】面板中合并所有的"奋斗"文字图层，然后复制该图层。

（7）在【图层】面板中选取复制的图层，在菜单栏中单击"编辑"→"变换"→"斜切"命令，然后单击"编辑"→"变换"→"缩放"命令，调整字体的形状和大小，效果如图 6-36 所示。

图 6-34　线性渐变效果

图 6-35　上移和左移后的效果

图 6-36　调整字体的形状和大小之后的效果

6.9　凹陷文字

（1）创建一个新文件，把"预设详细信息"设为"凹陷文字"、图像大小设为"16cm×8cm"、"分辨率"为 300 像素/英寸；对"颜色模式"选取"RGB"、"背景内容"选取"白色"，设置前景色的 R、G、B 值分别为 100、100、100。

（2）选择【通道】面板，"创建新通道"按钮，创建一个新的通道"Alpha 1"，并输入"凹型"两字，文字大小为 180 点，对字体选取"黑体"。此时文字是白色的，如图 6-37 所示。

（3）复制该通道，选取"Alpha 1 拷贝"，在菜单栏中选取"滤镜→模糊→高斯模糊"命令。在【高斯模糊】对话框中把"半径"设为 10 像素。执行上述命令之后字体比较模糊，如图 6-38 所示。

（4）在菜单栏中单击"滤镜"→"风格化"→"浮雕效果"命令，在【浮雕效果】对话框中把"角度"设为-45°、"高度"设为 10 像素、"数量"为 100%。设置完毕，单击"确定"按钮，生成的"浮雕效果"文字如图 6-39 所示。

图 6-37 输入"凹陷"两字　　图 6-38 "高斯模糊"的效果　　图 6-39 "浮雕效果"文字

（5）在菜单栏中单击"图像"→"计算"命令，在【计算】对话框中进行设置，如图 6-40 所示。设置完毕，单击"确定"按钮，生成"Alpha 2"，如图 6-41 所示。"计算"执行效果如图 6-42 所示。

图 6-40　设置【计算】对话框参数　　　　图 6-41　生成"Alpha2"

图 6-42　"计算"执行效果

（6）先选取 RGB 通道，然后在菜单栏中单击"图像"→"应用图像"命令，在【应用图像】对话框中进行设置，如图 6-43 所示。设置完毕，单击"确定"按钮，生成的"应用图像"效果如图 6-44 所示。

图 6-43　设置【应用图像】对话框参数　　　图 6-44　生成的"应用图像"效果

(7) 按住<Ctrl>键，单击"Alpha 1"的缩览图，将"Alpha 1"通道载入选区。在菜单栏中单击"选择"→"修改"→"扩展"命令，在【扩展选区】对话框中将"扩展量"设为 10 像素。设置完毕，单击"确定"按钮，"扩展选区"执行效果如图 6-45 所示。

(8) 在菜单栏中单击"图层"→"新建图层"→"通过拷贝的图层"命令，创建一个新的图层，把选定的文字放在该图层上。

(9) 将前景色设为白色，选中"背景"图层，按住<Alt+Delete>组合键，将背景层填充为白色，效果如图 6-46 所示。

图 6-45 "扩展选区"执行效果　　　　　　图 6-46 将背景层填充为白色后的效果

6.10 凸型文字

(1) 创建一个新文件，把"预设详细信息"设为"凸型文字"、图像大小设为"16cm×8cm"、"分辨率"为 300 像素/英寸；对"颜色模式"选取"RGB"、"背景内容"选取"白色"。

(2) 打开\素材\第 6 章\木板.jpg，并将其拖入新文件中，存放在"图层 1"中。

(3) 输入"凸型"两字，如图 6-47 所示。

(4) 先按住<Ctrl>键，再单击"凸型"图层的缩览图，将"凸型"两字载入选区，如图 6-48 所示。

(5) 按<Delete>键，将文字删除，保留选区，如图 6-49 所示。

图 6-47 输入"凸型"两字　　图 6-48 将"凸型"　　图 6-49 将文字删除，
　　　　　　　　　　　　　　　两字载入选区　　　　　保留选区

(6) 在【图层】面板中，单击"创建新图层"按钮，创建"图层 2"。

(7) 选中"图层 1"，按<Ctrl+C>组合键，复制选区中图层 1 中的内容。

(8) 选中"图层 2"，按<Ctrl+V>组合键，粘贴选区中的内容。

(9) 在菜单栏中单击"图层"→"图层样式"→"斜面和浮雕"命令，在【图层样式】对话框中进行设置，如图 6-50 所示。

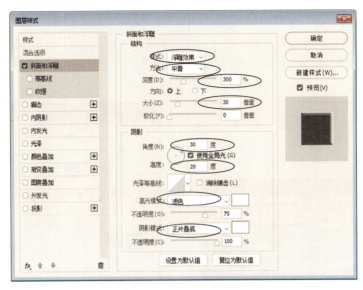

图 6-50　设置【斜面和浮雕】对话框参数

（10）单击"确定"按钮，生成的"斜面和浮雕"效果如图 6-51 所示。

图 6-51　生成的"斜面和浮雕"效果

（11）在菜单栏中单击"图层"→"图层样式"→"外发光"命令，在【图层样式】对话框中进行设置，如图 6-52 所示。

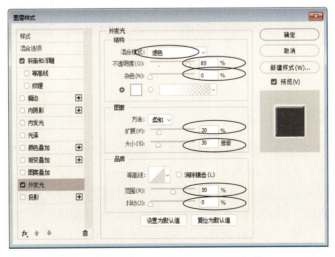

图 6-52　设置【外发光】对话框参数

（12）单击"确定"按钮，生成的"外发光"效果如图 6-53 所示。

（13）按住<Ctrl>键，单击"图层 2"的缩览图，在菜单栏中单击"编辑"→"填充"命令。在【填充】对话框中对"内容"选取"图案"。设置完毕，先单击"自定图案"旁边的"√"按钮，再单击按钮 ，如图 6-54 所示。

图 6-53　"外发光"效果

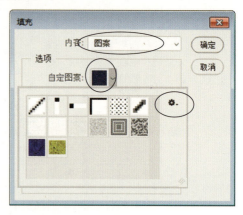

图 6-54　设置【填充】对话框参数

（14）在弹出的下拉菜单中单击"艺术家画布"命令，选取其中的一种图案。然后单击"确定"按钮，文字表面添加图案后的效果如图 6-55 所示。

图 6-55　文字表面添加图案后的效果

6.11　波浪文字

（1）打开\素材\第 6 章\波浪.jpg，并输入"波浪"两字，文字大小为 120 点，颜色为白色，字体为黑体，如图 6-56 所示。

（2）在菜单栏单击"图层"→"栅格化"→"文字"命令，将文字图层栅格化。

（3）复制"波浪"图层。在菜单栏单击"编辑"→"变换"→"垂直翻转"命令，然后把翻转后的文字移到合适的位置，效果如图 6-57 所示。

（4）在菜单栏单击"滤镜"→"扭曲"→"波纹"命令，在【波纹】对话框中把"数量"设为 80%,对"大小"选"大"。设置完毕,单击"确定"按钮,生成的"波纹"效果如图 6-58 所示。

图 6-56　输入"波浪"两字

图 6-57　"垂直翻转"效果

图 6-58　生成的"波纹"效果

6.12　倒影文字

(1)打开\素材\第 6 章\圆桌.jpg,并输入"圆桌"两字,文字大小为 120 点,颜色为青色 R、G、B 值分别为 0、255、255,字体为黑体,"线性"如图 6-59 所示。

(2)在菜单栏单击"图层"→"栅格化"→"文字"命令,将文字图层栅格化。

(3)先按住<Ctrl>键,然后在【图层】面板上单击"圆桌"的缩览图,将文字载入选区。

(4)按<Delete>键,删除"圆桌"文字。在不删除选区的情况下,在工具条中单击"渐变工具"按钮■,设置"蓝—红—黄"线性渐变,"线性渐变"效果如图 6-60 所示。

图 6-59　输入"圆桌"两字

图 6-60　"线性渐变"效果

(5)按住<Shift+Alt>组合键(有的笔记本电脑可能是<Ctrl+Win+Alt>组合键),再分别按键盘上的方向键↑和←,然后重复多次,建立重影,效果如图 6-61 所示。

(6)在【图层】面板中合并所有的"桌面"图层,然后复制该图层。在菜单栏单击"编辑"→"变换"→"垂直翻转"命令,把翻转后的文字移到合适的位置。

(7)在【图层】面板中选取复制后的图层,然后在菜单栏中单击"编辑"→"变换"→"斜切"命令,然后再单击"编辑"→"变换"→"缩放"命令,调整字体的形状和大小,建立的倒影效果如图 6-62 所示。

图 6-61　建立的重影效果

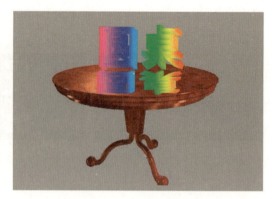

图 6-62　建立的倒影效果

6.13　金属文字

（1）创建一个新文件，把"预设详细信息"设为"金属文字"、图像大小设为"16cm×8cm"、"分辨率"为 300 像素/英寸；对"颜色模式"选取"RGB"、"背景内容"选取"白色"。

（2）选择【通道】面板，"创建新通道"按钮，创建一个新的通道"Alpha 1"，并输入"金属"两字，文字大小为 180 点，对字体选取"楷体"。此时文字是白色的，如图 6-63 所示。

（3）复制通道"Alpha 1"，将复制后的通道命名为"Alpha 2"。选取"Alpha 2"，按<Ctrl+D>组合键，取消选区。在菜单栏中单击"滤镜"→"其他"→"最大值"命令，在【最大值】对话框中把"半径"设为 10 像素。设置完毕，单击"确定"按钮，"Alpha 2"中的文字明显加粗，效果如图 6-64 所示。

（4）选中通道"Alpha 1"，单击鼠标右键，在弹出的快捷菜单中单击"复制通道"命令，将新通道命名为"Alpha 3"。

（5）选取"Alpha 3"，在菜单栏中单击"滤镜"→"模糊"→"高斯模糊"命令。在【高斯模糊】对话框中把"半径"设为 10 像素，执行上述命令后字体变得比较模糊，效果如图 6-65 所示。

图 6-63　输入"金属"两字

图 6-64　文字加粗效果

图 6-65　"高斯模糊"效果

（6）选中通道"Alpha 3"，单击鼠标右键，在弹出的快捷菜单中单击"复制通道"命令，将新通道命名为"Alpha 4"。

(7) 选中通道"Alpha 3",在菜单栏中单击"滤镜"→"其他"→"位移"命令,在【位移】对话框中把"水平"和"垂直"都设为+5像素,如图6-66所示。

(8) 选中通道"Alpha 4",在菜单栏中选取"滤镜→其他→位移"命令,在【位移】对话框中把"水平"和"垂直"都设为-5像素。

(9) 在菜单栏中单击"图像"→"计算"命令,在【计算】对话框中对"源1"选取"Alpha 3",对"源2"栏中的"通道"选取"Alpha 4",对"混合"选取"差值",对"结果"选取"新建通道",如图6-67所示。

提示:该步骤的意义是计算"Alpha 3"和"Alpha 4"的差值,并将差值保存在新的通道"Alpha 5"中。

图6-66 "水平"和"垂直"都设为+5像素

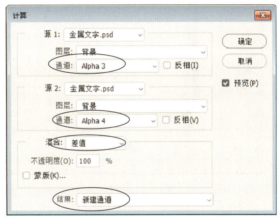
图6-67 设置【计算】对话框参数

注:Photoshop CC 2019中的"计算"命令的工作原理如下。

① 通道中的每个像素点亮度值的范围是0~225。

② 所执行计算的两个通道(或文件)必须具有相同的大小和分辨率。

(10) 单击"确定"按钮,生成图6-68所示的效果。

图6-68 "计算"之后的效果

(11) 在菜单栏中单击"图像"→"调整"→"曲线"命令,将【曲线】对话框中的曲线调整为"M"形状,如图 6-69 所示。这个步骤的随机性较大,不同的曲线形状会形成不同的金属反光效果。

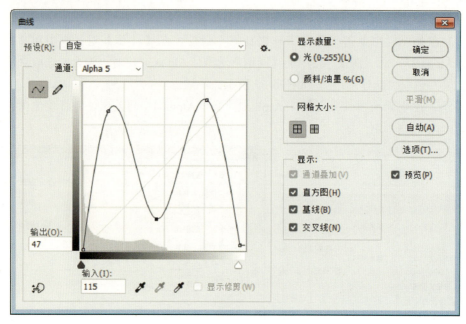

图 6-69　将【曲线】对话框中的曲线调整为"M"形状

(12) 单击"确定"按钮,得到金属反光效果,如图 6-70 所示。

(13) 首先选中"Alpha 5"通道,然后按住<Ctrl>键,单击"Alpha 2"的缩览图,这样,就在"Alpha 5"中得到了"Alpha 2"的选区。按<Ctrl+C>组合键将其复制,在【通道】面板中单击 RGB 通道;然后按<Ctrl+V>组合键,将复制的内容粘贴到 RGB 通道中。打开【图层】面板,可以看到在【图层】面板中自动生成的"图层 1",绘图区中出现黑白反光的文字,如图 6-71 所示。

图 6-70　生成的金属反光效果

图 6-71　黑白反光的文字

(14) 在菜单栏中单击"图像"→"调整"→"通道混合器"命令,在【通道混合器】对话框中对"预设"选取"自定"、"输出通道"选取"红",如图 6-72 所示。调整"源通道"中的滑块位置，可以使文字出现不同的颜色，如图 6-73 所示。

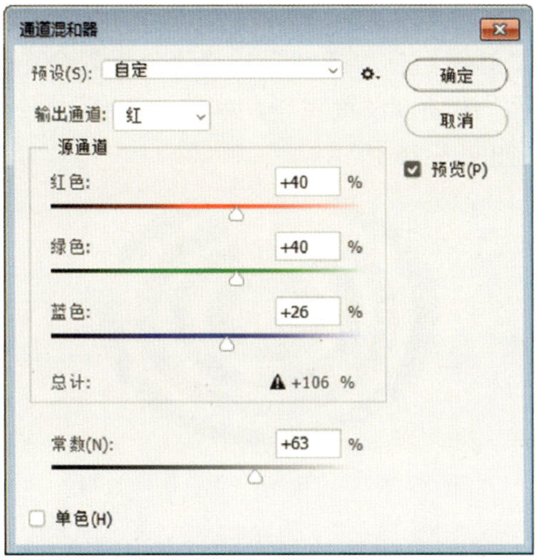

图 6-72　设置【通道混合器】对话框参数　　　　图 6-73　使文字出现不同的颜色

6.14 极坐标文字

（1）创建一个新文件，把"预设详细信息"设为"极坐标文字"、图像大小设为"16cm×12cm"，"分辨率"设为 300 像素/英寸；对"颜色模式"选取"RGB"、"背景内容"选取"白色"。

（2）单击"横排文字工具（T）"按钮，输入 4 行不同颜色的英文字母（a～z），文字大小为 30 点，对字体选取"楷体"，如图 6-74 所示。

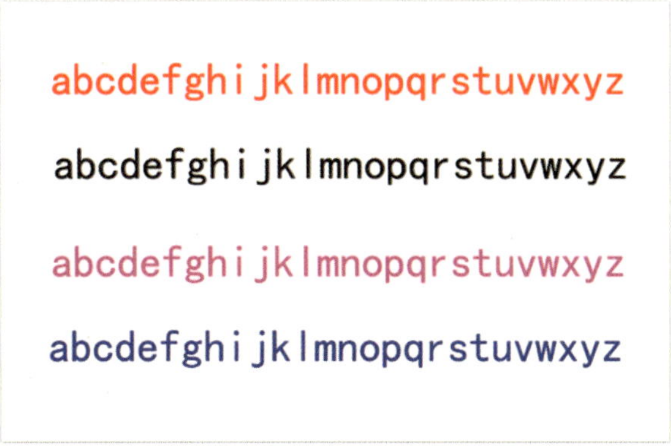

图 6-74　输入 4 行不同颜色的文字

（3）新建一个图层，把它命名为"图层 1"；建立一个矩形选区，填充颜色的 R、G、B 值分别为 150、255、200。采用相同的方法，建立其他 3 个选区，并填充颜色。如图 6-75 所示。

(4)把"图层1"移至"背景"图层之上、文字图层以下,显示文字。

(5)合并"图层1"和文字图层。

(6)选中合并后的图层,在菜单栏中单击"滤镜"→"扭曲"→"极坐标"命令,在【极坐标】对话框中选取"平面坐标到极坐标"选项。设置完毕,单击"确定"按钮,首、尾字符没有相连,"极坐标"命令执行效果如图6-76所示。

图6-75 建立4个选区,并进行填充

图6-76 "极坐标"命令执行效果

(7)如果将文字的大小改为35点,使首、尾字符分别与画布的边线相接触,如图6-77所示。

(8)执行的效果是首、尾字符相连,如图6-78所示。

提示:首、尾字符相连的关键是首、尾字符与画布的边线接触。

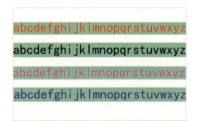

图6-77 首、尾字符分别与画布的边线相接触

图6-78 首、尾字符相连

(9)如果输入的是如图6-79所示的纵向文字,那么生成的极坐标文字效果如图6-80所示。

图6-79 纵向文字

图6-80 极坐标文字效果

6.15 果冻文字

（1）创建一个新文件，把"预设详细信息"设为"果冻文字"、图像大小设为"16cm×12cm"、"分辨率"设为 300 像素/英寸；对"颜色模式"选取"RGB"、"背景内容"选取"白色"。

（2）单击"横排文字工具（T）"按钮 T，输入"美丽的春天"文字，大小为 60 点，对字体选取"楷体"；把每个字分别放在不同的图层中，并调整好其角度与位置，如图 6-81 所示。

（3）在【图层】面板中双击"春"图层，在【样式】对话框中选中"投影"选项，如图 6-82 所示设置"投影"选项参数。

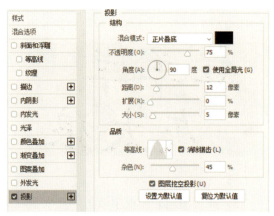

图 6-81 输入"美丽的春天"文字　　　图 6-82 设置"投影"选项参数

（4）选取"内阴影"选项，把"混合模式""不透明度""角度""距离""阻塞""大小""等高线""杂色"分别设置为"正片叠底""60%""90""10""0""6""锥形""45%"。

（5）选取"内发光"选项，把"混合模式""不透明度""颜色""大小"分别设置为"滤色""100%""#8cd8ff""29%"。

（6）选取"斜面和浮雕"选项，把"深度""大小""角度""高度""光泽等高线"分别设置为"317""10""90""30""环形-双"。

（7）选取"颜色叠加"选项，把"混合模式""不透明度""颜色"分别设置为"正常""100%""#00d8ff"。

（8）选取"描边"选项，把"混合模式""大小""位置""填充颜色""不透明度"分别设置为"正常""5""外部""#24a3fc""100%"。

以上步骤（4）～（8）中的数值单位以各选项界面图中设定的为准。

（9）单击"确定"按钮，"春"字就添加了艺术效果，如图 6-83 所示。

（10）按住<Alt>键，将"春"字"效果"复制到其他文字图层，给其他文字添加同样的艺术效果，如图 6-84 所示。

图 6-83 "春"字添加的艺术效果

图 6-84 给其他文字添加同样的艺术效果

6.16 墙壁广告文字

（1）打开\素材\第 6 章\墙壁.jpg，并输入两行文字，如图 6-85 所示。

（2）先选中"灰太狼"所在的图层，然后在菜单栏中单击"3D"→"从所选图层新建 3D 模型"命令，3D 模型效果如图 6-86 所示。

图 6-85 输入两行文字

图 6-86 3D 模型效果

（3）在【图层】面板中双击"灰太狼 前膨胀材质"图层，如图 6-87 所示。在"属性"窗口中把"漫射"的颜色 R、G、B 值分别设为 45、230、210，如图 6-88 所示。

图 6-87 双击"灰太狼-前膨胀材质"图层

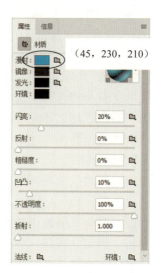

图 6-88 设定"漫射"的颜色参数

（4）采用相同的方法，双击"灰太狼-前斜面材质"图层，把"漫射"的颜色 R、G、B 值分别设为 195、200、200。

（5）打开【图层】面板，选取"灰太狼"图层，单击鼠标右键，在弹出的快捷菜单中单击"栅格化 3D"命令。

（6）把前景色的 RGB 设为红色，R、G、B 值分别设为 255、0、0，背景色为白色。

（7）在【图层】面板中双击"灰太狼"图层，在【图层样式】对话框中选中"渐变叠加"选项；对"混合模式"选取"正片叠底"，把"不透明度"设为100%。设置完毕，单击"渐变"按钮，选取"前景色到背景色渐变"选项，把"角度"设为97度、"缩放"设为44%，如图6-89所示。

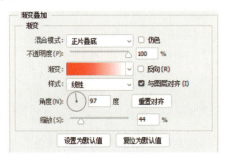

图 6-89　设置"渐变叠加"选项参数

（8）选取"外发光"选项，对"混合模式"选取"滤色"，把"不透明度"设为75%，对"设置发光颜色" R、G、B 值选取 200、200、200，其他选用默认值，如图 6-90 所示。

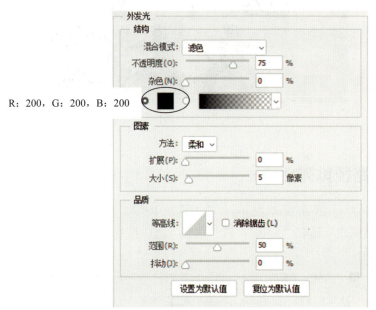

图 6-90　设置"外发光"选项参数

（9）选取"投影"选项，对"混合模式"选取"正片叠底"，把"不透明度"设为75%、"角度"设为30度、"距离"设为3像素、"扩展"设为0%、"大小"设为5像素，其他选用默认值，如图6-91所示。

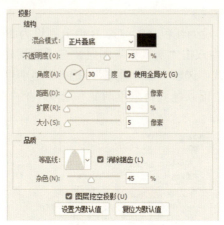

图6-91　设置"投影"选项参数

（10）采用相同的方法，设置"喜羊羊"图层的参数，生成的"墙壁广告"文字效果如图6-92所示。

图6-92　"墙壁广告"文字效果

6.17　沿路径排列文字

（1）打开\素材\第6章\草原.jpg，在工具箱中选取"钢笔工具"按钮，在工具设置栏中"工具模式"选取"形状"，对"填充"选取符号"/"（无颜色），其他选默认值，如图6-93所示。

图6-93　对"工具模式"选取"形状"、"填充"选取符号"/"

（2）按<Alt>键，绘制一条曲线，如图 6-94 所示。

图 6-94　绘制一条曲线

（3）单击"横排文字工具（T）"按钮，单击工具设置栏的"切换字符和段落面板"按钮，在【字符】面板中设置文字的参数，如图 6-95 所示。其中，颜色的 R、G、B 值分别为 255、0、0。

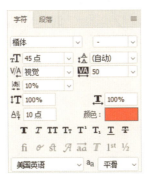

图 6-95　在【字符】面板中设置文字的参数

（4）把光标放在曲线上，等光标上出现一个曲线符号后，输入一行文字，文字就沿曲线排列，如图 6-96 所示。

图 6-96　输入一行文字

6.18 在路径内填充文字

（1）创建一个新文件，把"预设详细信息"设为"在路径内填充文字"、图像大小设为"12cm×12cm"，对"颜色模式"选取"RGB 颜色，8 位"、"背景内容"选取白色。

（2）在工具箱中选取"自定义形状工具"按钮，在属性栏左侧选取"形状"。先单击"形状"旁边的"√"按钮，再单击按钮，在弹出的快捷菜单中单击"全部"选项，选取其中的一个花纹♥。按住<Shift+Alt>组合键，绘制一条封闭曲线，如图 6-97 所示。

（3）单击"横排文字工具（T）"按钮，输入"abcdefghijklmnopqrstuvwxyz0123456789"。重复输入多次，文字就填充了封闭曲线围成的区域，如图 6-98 所示。

图 6-97　绘制一条封闭曲线

图 6-98　文字填充封闭曲线围成的区域

第 7 章 修图的基本方法

本章通过几个简单的实例，详细介绍几个修图常用的基本方法。

7.1 <Delete>键的使用

（1）打开\素材\第 7 章\7-1.jpg，展示的公园一角如图 7-1 所示。

图 7-1　公园一角

（2）选中【图层】面板中的"图层 0"，在菜单栏中单击"图层"→"新建"→"背景图层"命令，将"图层 0"改为"背景"图层，如图 7-2 所示。

图 7-2　将"图层 0"改为"背景"图层

（3）单击"缩放工具"按钮，或按 Z 键，将人物图像放大。然后在工具箱中单击"矩形选框工具"按钮，框选人物的头部。矩形选框的范围以刚好框住人物头部为佳，如图 7-3 所示。

（4）按住<Shift>键，再次建立一个小的矩形选框，框住人物的其他位置，如图 7-4 所示。

（5）按照上述方法，建立若干小的矩形选框，直到框住整个人物图像为止，如图 7-5 所示。

图 7-3　框选人物的头部

图 7-4　再次建立一个小的矩形选框

图 7-5　框住整个人物图像

（6）按<Delete>键，在【填充】对话框中对"内容"选取"内容识别"、"模式"选取"正常"，如图 7-6 所示。

图 7-6　【填充】对话框设置

（7）单击"确定"按钮，即可删除所选人物的图像。
（8）采用相同的方法，删除其他人物的图像，效果如图 7-7 所示。

图 7-7　删除人物图像后的效果

7.2 污点修复画笔工具

（1）打开\素材\第 7 章\7-2.jpg，使用"污点修复画笔工具"清除图 7-8 中的人物和足球的图像。

图 7-8　人物和足球

（2）在工具箱中选取"污点修复画笔工具"按钮，按键盘上的"["或"]"键，调整画笔大小，或者直接在【画笔】设置栏中输入画笔大小"10 像素"，如图 7-9 所示。

（3）在足球图像附近拖动画笔，把第一个足球图像删除，如图 7-10 所示。

（4）采用相同的方法，删除其他不需要的图像，清除人物和足球之后的图像如图 7-11 所示。

图 7-9　设定画笔大小为"10 像素"

图 7-10　在"足球"图像附近拖动画笔

图 7-11　清除人物和足球之后的图像

7.3　橡皮擦工具

（1）打开\素材\第 7 章\7-3.jpg，使用橡皮擦工具清除图 7-12 中的兔子颈部的彩条所在的彩色区域，并清除兔子脚部附近的文字。

（2）在工具箱中选取"橡皮擦工具"按钮，按键盘上的"["或"]"键，调整画笔大小，或者直接在【画笔】设置栏中设置画笔的大小，画笔大小的具体数值以适合修图为准。

（3）在工具箱中选取"缩放工具"按钮，放大需要清除的彩色区域，然后拖动画笔擦除彩色区域，如图 7-13 所示（图中的小圆圈就是画笔）。

（4）按相同的方法，擦除兔子脚部附近的文字。

（5）在工具箱中选取"画笔工具"按钮，将前景色修改为黑色，对被破坏的部分图像进行修补，修补后的效果如图 7-14 所示。

图 7-12　戴彩条的兔子　　图 7-13　放大彩色区域之后再擦除　　图 7-14　修补后的兔子

7.4　仿制图章工具

（1）打开\素材\第 7 章\7-4.jpg，有亭子的图像如图 7-15（a）所示，在工具箱中选取"仿制图章工具"按钮，按键盘上的"["或"]"键，或者直接在【画笔】设置栏中设置画笔的大小。

（2）按住<Alt>键，此时光标变成"⊕"形状。单击亭子附近的树叶进行取样，然后松开<Alt>键，在亭子上拖动光标，或单击鼠标，直到亭子完全消失，消除亭子后的图像如图 7-15（b）所示。

（a）有亭子的图像　　　　　　　　　　　　（b）消除亭子后的图像

图 7-15　消除亭子前后的对比

7.5　修复画笔工具

（1）打开\素材\第 7 章\7-5.jpg，原图如图 7-16 所示，在工具箱中选取"使用修复画笔工具"按钮，按键盘上的"["或"]"键，或者直接在【画笔】设置栏中设置画笔的大小。

（2）按住<Alt>键，此时光标变成"⊕"形状。单击救生圈附近的图像进行取样，然后松开<Alt>键，在其他位置按住<Alt>键并拖动光标，即可在其他位置复制出救生圈，如图 7-17 所示。

（3）松开<Alt>键，在选中的第二个位置按住<Alt>键，然后拖动光标，即可在第二个位置复制出救生圈。如此重复操作多次，即可复制出多个救生圈，复制多个救生圈后的图像如图 7-17 所示。

图 7-16　原图　　　　　　　　　　　　图 7-17　复制多个救生圈后的图像

修复画笔工具与仿制图章工具的作用类似，均可以对图像进行修复，原理就是将取样点处的图像复制到目标位置。二者的不同点如下：

（1）使用仿制图章工具时，取样点图像与修改点图像的相对位置保持不变。而使用修复画笔工具时在按住鼠标不放的情况下，修改点图像与取样点图像的相对位置保持不变；当松开鼠标后，取样点的图像回到起始位置。

（2）经修复画笔工具涂抹的地方会融入图像背景中，而仿制工具涂抹后的效果比较清晰，不会和图像背景融合。

有兴趣的读者，可以在图 7-15 中复制一个亭子，如图 7-18 所示。

图 7-18 复制一个亭子

7.6 图案图章工具

（1）打开\素材\第 7 章\7-6.jpg，原图如图 7-19 所示。然后，在工具箱中选取"图案图章工具"按钮，在工具属性栏中单击"图案"列表右侧的"√"按钮，在下拉列表中选择合适的图案，如图 7-20 所示。

（2）按键盘上的"["或"]"键，调整画笔大小，或者直接在【画笔】设置栏中设置画笔的大小。

（3）新建一个图层，并建立一个椭圆选区。在选区内拖动光标，即可填充图案，如图 7-21 所示。

 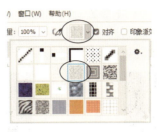 

图 7-19　原图　　　　　　图 7-20　选择合适的图案　　　　　图 7-21　填充图案

7.7 "目标"修补工具

（1）打开\素材\第 7 章\7-7.jpg，在工具箱中单击"修补工具"按钮 ，在工具属性栏中选取"目标"选项，如图 7-22 所示。

图 7-22　在工具属性栏中选取"目标"选项

（2）用光标沿着小鸟头部画一个圆圈，建立一个选区，如图 7-23 所示。
（3）把选区中的图像拖到其他位置，即可复制选区中的图像，如图 7-24 所示。

图 7-23　建立一个选区　　　　　　　　图 7-24　复制选区中的图像

7.8 "源"修补工具

（1）打开\素材\第 7 章\7-8.jpg，在工具箱中选取"修补工具"按钮 ，在工具属性栏中选取"源"选项，如图 7-25 所示。

图 7-25　在工具属性栏中选取"源"选项

（2）用光标沿着人物眼睛下方的眼袋处画一个圆圈，建立一个选区，如图7-26所示。

（3）把选区拖到其他位置，即可将其他位置的图像复制到选区中，如图7-27所示。这样处理后，人物眼睛下面的皱纹就消失了。

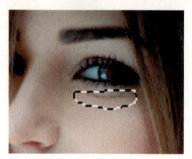

图7-26　建立一个选区

图7-27　把选区拖到其他位置

7.9　液化滤镜工具

（1）打开\素材\第 7 章\7-9.jpg，在菜单栏中单击"滤镜"→"液化"命令。然后，在【液化】对话框中通过调整滑块的位置，可以调整人物的眼睛、鼻子和嘴唇的大小、高度、宽度等，如图7-28所示。

（2）有兴趣的读者可自行使用【液化】对话框中左边的按钮，逐一对图像进行处理，看会得到什么效果。

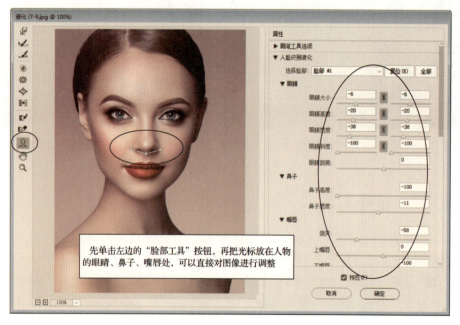

图7-28　调整【液化】对话框参数

7.10 镜头校正

"镜头校正"命令主要用于对照片进行艺术处理,使照片具有扭曲、色差、镜头光晕、透视、角度和比例等艺术效果。

(1)打开\素材\第7章\7-10.jpg,在菜单栏中单击"滤镜"→"镜头校正"命令;在【镜头校正(100%)】对话框中选取"自定"选项,再逐一调整右侧滑块的位置或者数字的大小,通过"镜头校正"得到不同的艺术效果如图7-29中的左侧图像所示。

(2)有兴趣的读者可自行使用【镜头校正】对话框中左边的按钮,逐一对图像进行处理,看会得到什么效果?

图 7-29 通过"镜头校正"得到不同的艺术效果

7.11 实例一:人物面部修理

(1)打开\素材\第7章\7-11.jpg,人物图像如图7-30所示。

(2)在菜单栏中单击"污点修复画笔工具"按钮,按键盘上的"["或"]"键,或者直接在【画笔】设置栏中调整画笔大小。在人物脸上的斑点附近拖动画笔,即可将斑点删除,删除斑点后的效果如图7-31所示。

(3)在工具箱中单击"模糊工具"按钮,在人物的额头和脸颊上拖动画笔,以达到皮肤光滑的效果,如图7-32所示。

图 7-30　人物图像

图 7-31　删除斑点之后的效果

图 7-32　在额头和脸颊拖动画笔

（4）在工具箱中单击"仿制图章工具"按钮 ，按住<Alt>键，在脸上肤色正常的位置取样，再单击鼻梁上肤色泛白的位置，使鼻梁上泛白的肤色变正常，如图 7-33 所示。

（5）在工具箱中单击"修补工具"按钮 ，在工具属性栏中选取"源"选项。用光标沿人物的眼角鱼尾纹画一个圆圈，再把选区拖到其他位置，即可使眼角的鱼尾纹消除，效果如图 7-34 所示。

图 7-33　使鼻梁泛白的肤色变正常

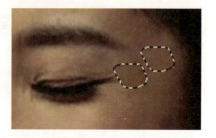
图 7-34　消除鱼尾纹后的效果

（6）在工具箱中单击"修复画笔工具"按钮 ，按住<Alt>键，在两侧脸颊肤色正常的位置取样，再单击脸颊两侧的皱纹，就可消除这一部位的皱纹，如图 7-35 所示。

（7）在工具箱中单击"修复画笔工具"按钮 ，按住<Alt>键，在眉毛下方肤色正常的位置取样。然后，单击眼睑上的皱纹，消除这一部位的皱纹，如图 7-36 所示。

图 7-35　消除脸颊两侧的皱纹

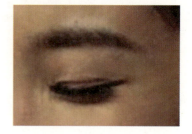
图 7-36　消除眼睑上的皱纹

（8）在菜单栏中单击"滤镜"→"液化"命令，在【液化】对话框中通过调整滑块的位置，调整人物的眼睛、鼻子和嘴唇的大小、高度、宽度等。

（9）在工具箱中分别单击"加深"按钮 、"减淡"按钮 和"海绵工具"按钮 ，然后在人物脸上涂抹，使人物脸上的色彩达到最佳效果。

7.12 实例二：人物形体修理

（1）打开\素材\第 7 章\7-12.jpg，人物形体如图 7-37 所示。

（2）在菜单栏中单击"滤镜"→"液化"命令，在【液化】对话框中选取"向前变形工具"，在对话框右侧把画笔大小设置为"20"。在人物的脖子边沿按住鼠标左键慢慢往里拖，使脖子变细。然后在肩膀边沿按住鼠标左键慢慢往下移，使脖子变得修长，如图 7-38 所示。

（3）按照相同的方法，拖动脸颊边沿，使脸颊凹陷的部分鼓起来；拖动腿部边沿，使腿部变细；拖动手臂边沿，使手臂变细；拖动腰部边沿，使腰部更细。

（4）单击"平滑工具"按钮，在上一步修改的位置拖动光标，使之变得平滑。

（5）单击"褶皱工具"按钮，在人物上衣的纽扣附近拖动光标，使有褶子的衣服变得平整，如图 7-39 所示。

图 7-37　人物形体

图 7-38　使脖子变得修长

图 7-39　使有褶子的衣服变得平整

（6）在工具箱中分别单击"加深"按钮、"减淡"按钮和"海绵工具"按钮，然后在人物形体图像上涂抹，使人物形体图像的色彩达到最佳效果。

第 8 章 图像调色处理的基本方法

本章通过几个简单的实例，详细介绍图像调色处理的基本方法。

8.1 添加渐变图层

（1）打开\素材\第 8 章\8-1.jpg，原图如图 8-1 所示，前景色的 R、G、B 值分别为 255、250、150，背景色为白色。

（2）在菜单栏中单击"图层"→"新建填充图层"→"渐变"命令，在【新建图层】对话框中，把"名称"设为"光线"、"不透明度"设为 80%，如图 8-2 所示。

图 8-1　原图

图 8-2　【新建图层】对话框设置

（3）单击"确定"按钮，在【图层】面板中创建剪贴蒙版，如图 8-3 所示。

（4）在【渐变填充】对话框中把"角度"设为-45 度，单击"渐变"按钮，如图 8-4 所示。在【渐变编辑器】对话框中对"名称"选取"前景色到透明渐变"，然后单击不透明色标，把"不透明度"设为 80%，如图 8-5 所示。

图 8-3　在【图层】面板中创建剪贴蒙版

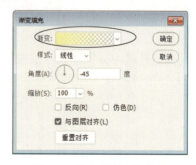
图 8-4　单击"渐变"按钮

图 8-5 【渐变编辑器】对话框设置

（5）单击"确定"按钮，再次单击"确定"按钮，渐变执行效果如图 8-6 所示。

（6）在图像中输入一行文字"早晨的阳光"，把字体设为"楷体"，字号大小设为 40 点，字体颜色为红色，如图 8-7 所示。

图 8-6 渐变执行效果

图 8-7 输入一行文字

8.2 色相/饱和度

（1）打开\素材\第 8 章\8-2.jpg，原图中的花朵有几种不同的颜色，如图 8-8 所示。

（2）在菜单栏中单击"图像"→"调整"→"色相/饱和度"命令（或按<Ctrl+U>组合键），在【色相/饱和度】对话框的左上角选取"红色"选项，通过滑动"色相""饱和度""明度"滑块的位置，调整花朵中的红色部分，如图 8-9 所示。

图 8-8　原图

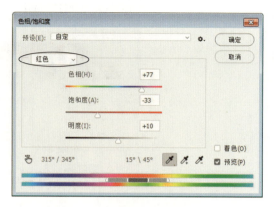
图 8-9　设置【色相/饱和度】对话框

（3）采用相同的方法，在【色相/饱和度】对话框的左上角选取"洋红"选项，通过调整"色相""饱和度""明度"滑块的位置，调整花朵中的洋红部分。

（4）按照同样的方法，调整花朵中其他颜色部分，效果如图 8-10 所示。

图 8-10　调整花朵中其他颜色部分之后效果

8.3　自然饱和度

（1）打开\素材\第 8 章\8-3.jpg，原图中树木和小草的颜色为深绿色，如图 8-11 所示。

（2）在菜单栏中单击"图像"→"调整"→"自然饱和度"命令，在【自然饱和度】对话框中把"自然饱和度"设为-55、"饱和度"设为-45。设置完毕，单击"确定"按钮，颜色就变浅绿色，如图 8-12 所示。

图 8-11　树木和小草的颜色为深绿色

图 8-12　颜色变浅绿色

8.4　色彩平衡

（1）打开\素材\第 8 章\8-4.jpg，原图中小草的颜色为枯黄色，一片枯萎的景象，如图 8-13 所示。

（2）在菜单栏中单击"图像"→"调整"→"色彩"命令，在【色彩平衡】对话框中选中"○中间调"单选项，把"青色"滑块向左调，以增加青色；把"绿色"滑块向右调，以增加绿色；把"黄色"滑块向右微调，R、G、B 色阶值分别为-70、+90、-40。设置完毕，单击"确定"按钮，图像中的小草颜色变绿，如图 8-14 所示。

图 8-13　小草的颜色为枯黄色

图 8-14　小草颜色变绿

提示：在【色彩平衡】对话框中可以看出，红色的补色是青色，洋红色的补色是绿色，黄色的补色是蓝色。因此，当颜色偏红时应补青色，偏洋红时应补绿色，偏黄时应补蓝色。

8.5　替换颜色

（1）打开\素材\第 8 章\8-5.jpg，原图中有两种玫瑰，一种是红玫瑰，另一种是紫玫瑰，如图 8-15 所示。

（2）在菜单栏中单击"图像"→"调整"→"替换颜色"命令，在图像中选取左边的红玫瑰。在【替换颜色】对话框中把"颜色容差"设为100、"色相"设为+80、"饱和度"设为+40、"明度"设为+10，单击 按钮。再选取右边的紫玫瑰，然后单击"确定"按钮，两种玫瑰的颜色都发生改变，如图8-16所示。

图8-15　红玫瑰和紫玫瑰　　　　　　　　　图8-16　两种玫瑰的颜色都发生改变

8.6 匹配颜色

使用"匹配颜色"命令可以使作为源的图像色彩与作为目标的图像色彩进行混合，从而改变目标图像的色彩。

（1）打开\素材\第8章\8-6a.jpg 和 8-6b.jpg，原图是树林与金色的足球如图8-17所示。

（a）树林　　　　　　　　　　　　　　（b）金色的足球

图8-17　树林与金色的足球

（2）设定8-6a.jpg为当前图像，在菜单栏中单击"图像"→"调整"→"匹配颜色"命令，在【匹配颜色】对话框中对"源"选取"8-6b.jpg"，并调整其中的"明亮度""颜色强度""渐隐"参数，如图8-18所示。

（3）单击"确定"按钮，使树林的颜色与足球的颜色混合，如图8-19所示。

第 8 章　图像调色处理的基本方法

图 8-18　【匹配颜色】对话框设置

图 8-19　使树林的颜色与足球的颜色混合

8.7　使用"黑白"命令

　　使用"黑白"命令可以方便地将色彩图像转换为黑白照片效果，并且可以调整图像的黑白色调。

　　（1）打开\素材\第 8 章\8-7a.jpg，原图像为彩色，如图 8-20 所示。

（2）在【图层】面板底部单击"创建新的填充或调整图层"按钮 ，在弹出的快捷菜单中选取"黑白"命令，新建一个图层，图像呈灰色（此时图像中的灰度为默认值），并且弹出【属性】面板，调整面板中各个滑块的位置，如图 8-21 所示，就得到更有层次感的灰色图像如图 8-22 所示。

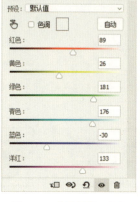

图 8-20　彩色原图　　　图 8-21　【属性】面板　　　图 8-22　更有层次感的灰色图像

（3）在菜单栏中单击"窗口"→"调整"命令，在【调整】面板中选中"创建新的色阶调整图层"按钮 ，如图 8-23 所示。拖动滑块，可以增加图像黑白的对比度，如图 8-24 所示。

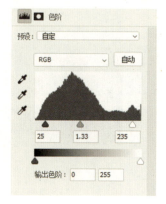

图 8-23　选中"创建新的色阶调整图层"按钮　　图 8-24　拖动滑块，可以增加图像黑白的对比度

（4）打开\素材\第 8 章\8-7b.jpg，原图像为彩色，如图 8-25 所示。

（5）在【图层】面板底部单击"创建新的填充或调整图层"按钮 ，在弹出的快捷菜单中单击"黑白"命令，新建一个图层，图像呈灰色（此时图像中的灰度为默认值）。

（6）在【属性】面板中选中"色调"，打开其右边的【拾色器（前景色）】对话框。选定颜色后，调整窗口中各个滑块的位置，如图 8-26 所示，得到的单色调图案如图 8-27 所示。

图 8-25　彩色图像　　　　图 8-26　调整窗口中各个滑块的位置　　　　图 8-27　单色调的图案

提示：在菜单栏中单击"图像"→"调整"→"去色"命令，可以除去图像中所有的颜色信息，使图像呈灰度，但不能对灰度图像做进一步的调整。

8.8　使用"阈值"命令

使用"阈值"命令可以将图像转换为高对比度的黑白图像，适合制作单色照片或模拟制作版面效果。

（1）打开\素材\第 8 章\8-8a.jpg 和 8-8b.jpg，并用移动工具将打开的两张图像合并，合并后的彩色图像如图 8-28 所示。

（2）在【图层】面板底部单击"创建新的填充或调整图层"按钮 ，在弹出的快捷菜单中单击"阈值"命令，新建一个图层。在【属性】面板中把"阈值色阶"设为 150，如图 8-29 所示，人物和背景图像都呈黑白，如图 8-30 所示。

图 8-28　合并后的彩色图像　　　　图 8-29　在【属性】面板中把"阈值色阶"设为 150

（3）在菜单栏中单击"图层"→"创建剪贴蒙版"命令，创建一个图层。该图层只对人物图层起作用，对其他图层不起作用。这时人物图像黑白显示，背景图像正常显示，如图 8-31 所示。

图 8-30　人物和背景图像都呈黑白　　　　　图 8-31　人物图像黑白显示，背景图像正常显示

（4）设置该图层的混合模式为"柔光"，如图 8-32 所示，人物图像被改为正常显示的效果如图 8-33 所示。

图 8-32　图层混合模式为"柔光"　　　　　图 8-33　人物图像被改为正常显示的效果

（5）在【图层】面板底部单击"创建新的填充或调整图层"按钮，在弹出的快捷菜单中单击"色相/饱和度"命令，新建一个图层。在【属性】面板中选中"着色"选项，把"色相""饱和度""明度"的参数分别设为 35、54、+17，如图 8-34 所示，所得到的人物和背景图像是单色图像，效果如图 8-35 所示。

图 8-34　设置【属性】面板参数　　　　　图 8-35　人物和背景图像是单色图像

第9章 基础操作实例

通过前面章节的学习，相信读者对 Photoshop 这门课程有了基本的认识。本章再通过几个简单的实例，介绍 Photoshop CC 2019 中图层、路径、通道和滤镜的基本操作。

9.1 浮雕

因为"浮雕"操作需要用到路径、图层、通道等，所以把它单独列为一个环节，希望能帮助大家加深对 Photoshop 的认识。

1. 浮雕文字

（1）打开\素材\第 9 章\9-1.jpg，并输入文字"雕花"，字体为任一颜色，如图 9-1 所示。

（2）先按住<Ctrl>键，再单击"雕花"图层的缩览图，将文字载入选区。

（3）在【图层】面板中先选中"背景"图层，按<Ctrl+C>组合键进行复制。

（4）单击"创建新图层"按钮，创建"图层 1"，按<Ctrl+V>组合键进行粘贴。再选取"添加图层样式"按钮 fx，在弹出的快捷菜单中单击"斜面和浮雕"命令，在【图层样式】对话框中进行设置。

（5）单击"确定"按钮，创建"浮雕效果"，如图 9-2 所示。

图 9-1　输入文字"雕花"

图 9-2　创建"浮雕效果"

2. 浮雕花纹

（1）打开\素材\第 9 章\9-2.jpg，原图是大理石花纹，如图 9-3 所示。

（2）在工具箱中选取"自定义形状工具"按钮，在属性栏左侧选取"路径"，先单击"形状"旁边的"√"按钮，再单击按钮，如图 5-38 所示。弹出的在快捷菜单中先单击"全部"命令，再选取其中的一个图案，如图 9-4 所示。

图9-3 大理石花纹

图9-4 选取其中的一个图案

（3）按住<Alt>键，绘制一个图案，如图9-5所示。

（4）在【图层】面板中选取"路径"选项，然后在【路径】面板的底部选取"将路径作为选区载入"按钮 ，如图9-6所示。

图9-5 绘制一个图案

图9-6 选取"将路径作为选区载入"按钮

（5）再选中"图层"选项，按<Ctrl+C>组合键进行复制。

（6）在【图层】面板中先选中"背景"图层，按<Ctrl+C>组合键进行复制。

（7）单击"创建新图层"按钮 ，创建"图层1"，按<Ctrl+V>组合键进行粘贴。然后选取"添加图层样式"按钮 ，在弹出的快捷菜单中选取"斜面和浮雕"命令，在【图层样式】对话框中进行设置。

（8）选中"斜面和浮雕"选项，对"样式"选取"浮雕效果"、"方法"选取"平滑"；设置其中的"深度""大小""角度""高度""光泽等高线""阴影模式""不透明度"参数，如图9-7所示。

（9）单击"确定"按钮，在背景材料上创建浮雕花纹，如图9-8所示。

3．浮雕头像

（1）打开\素材\第9章\9-3a.jpg和\9-3b.jpg，两个图像分别是男孩头像和木板图像。先将男孩头像移到木板图像中，然后在【图层】面板中选取"图层1"；单击"快速选择工具"按钮 ，选取头像轮廓作为选区，如图9-9所示。

(2)按<Ctrl+V>组合键,复制男孩头像。单击鼠标右键,在弹出的快捷菜单中单击"删除图层"命令,删除"图层 1"。删除"图层 1"后,在木板上留下一个轮廓区,效果如图 9-10 所示。

图 9-7 设置"斜面和浮雕"选项参数　　　　图 9-8 在背景材料上创建浮雕花纹

图 9-9 选取头像轮廓作为选区　　　　图 9-10 删除"图层 1"后的效果

(3)在【图层】面板中选取"通道"选项,再单击"创建新通道"按钮,创建"Alpha 1"通道。然后按<Ctrl+C>组合键,粘贴男孩头像,如图 9-11 所示。将图像轮廓填充为白色,然后取消选区,如图 9-12 所示。

图 9-11 粘贴男孩头像　　　　图 9-12 将图像轮廓填充为白色

(4)在菜单栏中单击"滤镜"→"模糊"→"高斯模糊"命令,在【高斯模糊】对

141

话框中把"半径"设为 5.0 像素，如图 9-13 所示。

（5）单击"确定"按钮，"高斯模糊"效果如图 9-14 所示。

提示：此时轮廓变模糊。

图 9-13　设置【高斯模糊】对话框参数

图 9-14　"高斯模糊"效果

（6）在菜单栏中单击"滤镜"→"风格化"→"浮雕效果"命令，在【浮雕效果】对话框中把"角度"设为-150 度、"高度"设为 5 像素、"数量"设为 100%，如图 9-15 所示。

（7）单击"确定"按钮，生成"浮雕效果"，如图 9-16 所示。

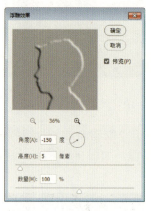
图 9-15　设置【浮雕效果】对话框参数

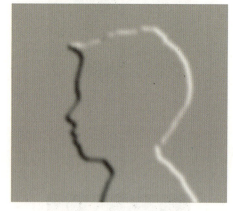
图 9-16　"浮雕效果"

（8）在【通道】面板中选取 RGB 通道，图像变成木板，木板上没有任何图像。

（9）先在【通道】面板中选取"图层"选项，然后在【图层】面板中选取"背景"图层；在菜单栏中单击"图像"→"应用图像"命令，设置【应用图像】对话框参数，如图 9-17 所示。

（10）单击"确定"按钮，最后生成的"浮雕效果"如图 9-18 所示。

图 9-17 设置【应用图像】对话框参数

图 9-18 最终生成的"浮雕效果"

9.2 图层

通过前面章节的学习,相信读者对图层有所认识。本节再通过图层样式的设置实例,为图层中的内容制作特殊的效果。

(1)打开\素材\第 9 章\9-4.jpg,原图像是晴朗的天空如图 9-19 所示。

(2)把前景色设为黑色。

(3)在菜单栏中单击"图层"→"新建添填图层"→"渐变"命令,在【新建图层】对话框中单击"确定"按钮;在【渐变填充】对话框中单击"渐变色条"选项,在打开的【渐变编辑器】对话框中选取"从前景色到透明渐变"选项。

(4)在【渐变填充】对话框中把"角度"设为-45 度、"缩放"设为 180%,如图 9-20 所示。

图 9-19 晴朗的天空

图 9-20 【渐变填充】对话框设置

(5)单击"确定"按钮,天空变暗,如图 9-21 所示。在【图层】面板中添加一个新的图层,如图 9-22 所示。

图 9-21　天空变暗

图 9-22　添加一个新的图层

（6）输入文字"傍晚的海边"，并把文字填充为白色，如图 9-23 所示。

（7）在菜单栏中单击"图层"→"图层样式"→"渐变叠加"命令，在【图层样式】对话框中单击"渐变色条"选项；在打开的【渐变编辑器】对话框中选取"色谱"选项，把"角度"设为 90°、"缩放"设为 100%。设置完毕，单击"确定"按钮，文字变为彩色，如图 9-24 所示。

图 9-23　输入文字"傍晚的海边"

图 9-24　文字变为彩色

（8）在【图层】面板中双击"傍晚的海边"图层的空白处，在【图层样式】对话框的左边选取"描边"选项。把"大小"设为 3 像素，对"位置"选取"外部"；把"不透明度"设为 100%，"颜色"选取"白色"，如图 9-25 所示，单击"确定"按钮，文字被添加了描边效果，如图 9-26 所示。

图 9-25　设置"描边"参数

图 9-26　文字被添加了描边效果

（9）在【图层】面板中双击"傍晚的海边"图层的空白处，在【图层样式】对话框的左边选取"外发光"选项，把外发光颜色设置为红色（#ac0a00），具体参数设置如图9-27所示。选取"投影"选项，把投影色设置为黑色，具体参数设置如图9-28所示。

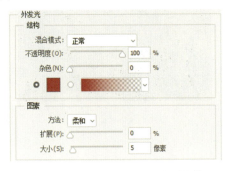
图9-27 设置"外发光"选项参数

图9-28 设置"投影"选项参数

（10）单击"确定"按钮，添加图层样式后的文字效果如图9-29所示。

图9-29 添加图层样式后的文字效果

（11）新建一个图层，并把它填充为黑色。在菜单栏中选取"滤镜→渲染→镜头光晕"命令，在【镜头光晕】对话框中，对"镜头类型"选择"50-300毫米变焦（Z）"选项，把"亮度"设为100%。在预览框中选取一个光照位置，如图9-30所示。设置完毕，单击"确定"按钮，生成"镜头光晕"效果，如图9-31所示。

图9-30 设定【镜头光晕】对话框参数

图9-31 "镜头光晕"效果

(12)把该图层的混合模式设置为"滤色",如图 9-32 所示。隐藏该图层中的黑色,只显示光晕图像,最终效果如图 9-33 所示。

图 9-32　把该图层的混合模式设置为"滤色"

图 9-33　最终效果

9.3　路径

1. 设计邮票

(1)建立一个新文件:图像尺寸为 16cm×12cm,300 像素,RGB 模式,背景色为黑色。

(2)在菜单栏中单击"文件"→"置入嵌入对象"命令,打开\素材\第 9 章\9-5.jpg,并调整其大小,嵌入对象如图 9-34 所示。也可以先打开\素材\第 9 章\9-5.jpg,再将图像拖进来。

(3)在菜单栏中单击"图层"→"栅格化"→"图层"命令,将拖入的图层栅格化。

(4)在工具箱中选取"画笔工具",在"画笔设置"面板中把"大小"设为 50 像素、"硬度"设为 100%、"间距"设为 120%,如图 9-35 所示。

图 9-34　置入的图像

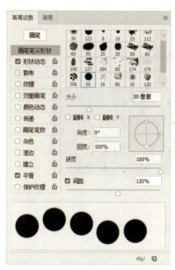

图 9-35　【画笔设置】面板参数

(5）按住<Ctrl>键，再单击所置入图像的缩览图，将其载入选区。

（6）先选中所置入图像所在的图层，在【图层】面板中选取"路径"，然后在该面板的下面单击"从选区生成工作路径"按钮 ，最后单击"用画笔描边路径"按钮 ，所置入图像周围有一圈锯齿状的形状，如图 9-36 所示。

（7）输入"中国邮政""50""分""丁酉年"等字样，邮票效果如图 9-37 所示。

图 9-36　所置入图像周围有一圈锯齿状的形状

图 9-37　邮票效果

2．艺术边框

（1）建立一个图像新文件。该图像尺寸为 16cm×12cm，300 像素，RGB 模式，前景色为黑色，背景色为白色。

（2）创建"图层 1"，并在"图层 1"上建立一个矩形选区，如图 9-38 所示。

（3）在工具箱中选取"画笔工具"，在【画笔设置】面板中把"大小"设为 80 像素，"硬度"为 100%、"间距"设为 120%，如图 9-35 所示。

（4）切换到【路径】面板，在该面板的下面选取"从选区生成工作路径"按钮 。然后单击"用画笔描边路径"按钮 ，矩形选区的四边生成一圈圆形的黑点，如图 9-39 所示。

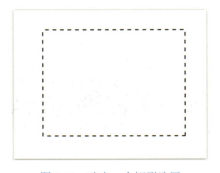
图 9-38　建立一个矩形选区

图 9-39　矩形选区的四边生成一圈圆形的黑点

（5）单击"将路径作为选区载入"按钮 ，按<Delete>键，将矩形选区里面部分的黑点删除，如图 9-40 所示。并将\素材\第 9 章\9-6.jpg 拖入进来，把"图层 2"放在"图层 1"与"背景"图层之间。拖入图像并调整图层位置之后的效果如图 9-41 所示。

图 9-40　将矩形选区里面部分的黑点删除

图 9-41　拖入图像并调整图层位置之后的效果

（6）先选中"图层 1"，再按住<Ctrl>键，单击"图层 1"的缩览图，将黑色区域载入选区。按<Delete>键，删除黑点。

（7）在工具箱中单击"矩形选框工具"按钮，在工具设置栏中选取"添加到选区"按钮，如图 9-42 所示。

图 9-42　选取"添加到选区"按钮

（8）按住<Shift>键，再建立一个矩形选区（该矩形选区的范围比图 9-38 中的矩形选区稍大），使所有黑点的选区连接起来，如图 9-43 所示。

（9）在菜单栏中单击"选择"→"反选"命令，先选中"图层 2"，再按住<Delete>键，将选区以外的图像全部删除，如图 9-44 所示。

图 9-43　使所有黑点的选区连接起来

图 9-44　将选区以外的图像全部删除

（10）先在【图层】面板中选中"图层 2"，然后在菜单栏中单击"编辑"→"描边"命令。在【描边】对话框中把"宽度"设为 10 像素，对"颜色"选取红色，如图 9-45 所示。

（11）单击"确定"按钮，图像边框就被添加了红色，如图 9-46 所示。

图 9-45　设定【描边】对话框参数　　　　图 9-46　图像边框被添加红色

9.4　通道抠图

（1）打开\素材\第 9 章\9-7a.jpg，该图像中人物的背景颜色是白色，切换到【通道】面板。

（2）在【通道】面板中分别观察红通道、绿通道和蓝通道，通过对比发现蓝通道中人物与背景的色差区别最明显，如图 9-47 所示。

（a）红通道效果　　　　　（b）绿通道效果　　　　　（c）蓝通道效果

图 9-47　红通道、绿通道和蓝通道与背景色的对比

（3）选取色差区别最明显的蓝通道，单击鼠标右键，在弹出的快捷菜单中单击"复制通道"命令，创建"蓝 拷贝"通道。

（4）单击"蓝 拷贝"通道前面的"□"，使"蓝 拷贝"前面出现"指示图层可见性"按钮 👁 。

（5）再单击其他通道前面的"指示图层可见性"按钮 👁 ，隐藏其他通道的图像。

(6) 按住<Ctrl+I>组合键,将"蓝 拷贝"通道颜色反相,人物图像变为白色,背景变为黑色,如图9-48所示。

(7) 在菜单栏中单击"图像"→"应用图像"命令,在【应用图像】对话框中对"混合"选取"线性减淡(添加)"选项,其余参数不变,如图9-49所示。

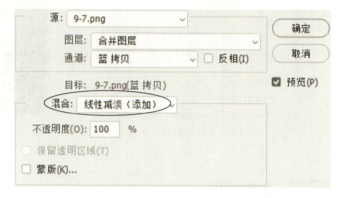

图9-48　颜色反相　　　　　　　图9-49　"混合"选取"线性减淡(添加)"选项

(8) 单击"确定"按钮,人物图像进一步变白,如图9-50所示。

(9) 重复在菜单栏中单击"图像"→"应用图像"命令,在【应用图像】对话框中对"混合"选取"线性减淡(添加)"选项,其余参数不变。单击"确定"按钮,人物图像进一步变白,但个别位置是黑色的。

(10) 把"前景色"设为白色,选取"画笔工具" ,将人物图像中的领带、袖口等位置全部涂成白色,不留一点黑色,如图9-51所示。

(11) 按住<Ctrl>键,然后单击"蓝 拷贝"通道的缩览图,将白色的轮廓载入选区。

(12) 切换到【图层】面板,选择背景图层;单击"添加图层蒙版"按钮 ,即可抠取人物图像。此时人物背景色是透明色,如图9-52所示。

图9-50　人物图像进一步变白　　图9-51　将人物图像中的领带、　图9-52　抠取人物图像
　　　　　　　　　　　　　　　　　　　　袖口等位置全部涂成白色

(13) 将人物图像拖至 9-7b.jpg 中，如图 9-53 所示。

图 9-53　将人物图像拖至 9-7b.jpg 中

9.5 滤镜

1. 实例一

（1）打开\素材\第 9 章\9-8.jpg，是雪后的景色，希望添加下雪的场情。

（2）单击"创建新图层"按钮，创建"图层 1"。

（3）在菜单栏中单击"编辑"→"填充"命令，在【填充】对话框中选取"50%灰色"选项，对"模式"选取"正常"，把"不透明度"设为100%，如图 9-54 所示。

（4）单击"确定"按钮，"图层 1"被填充为灰色。

（5）先将"前景色"设为黑色、"背景色"设为白色，当前图层为"图层 1"。然后在菜单栏中单击"滤镜"→"滤镜库"命令，在【滤镜库】对话框中选取"素描"选项中的"绘图笔"滤镜，把"描边长度"设为 5、"明暗平衡"设为 5，对"描边方向"选取"左对角线"，如图 9-55 所示。

图 9-54　设置【填充】对话框参数

图 9-55　设置"绘图笔"参数

(6)单击"确定"按钮,画面中就产生许多斜向的短线条,类似下雪的效果,如图 9-56 所示。

(7)在菜单栏中单击"选择"→"色彩范围"命令,在【色彩范围】对话框中选取"高光"选项,其他参数选择默认值,如图 9-57 所示。

图 9-56 产生许多斜向的短线条,类似下雪的效果

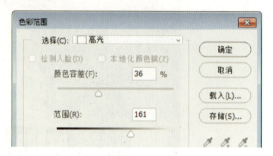

图 9-57 设置【色彩范围】对话框参数

(8)单击"确定"按钮,然后按<Delete>键,删除高光部分,显示背景的图像,如图 9-58 所示。

(9)在菜单栏中单击"选择"→"反选"命令或按<Ctrl+Shift+I>组合键,选中黑色线条,再将黑色线条填充为白色。然后按<Ctrl+D>组合键,取消选区,如图 9-59 所示。

图 9-58 显示背景的图像

图 9-59 把黑色线条填充为白色

(10)在菜单栏中单击"滤镜"→"模糊"→"高斯模糊"命令,在【高斯模糊】对话框中"半径"设为 0.5 像素。设置完毕,单击"确定"按钮,雪花的棱角变得模糊,效果如图 9-60 所示。

(11)在菜单栏中单击"滤镜"→"锐化"→"USM 锐化"命令,在【USM 锐化】对话框中把"数量"设为 60%、"半径"设为 5 像素、"阈值"设为 1 色阶。设置完毕,单击"确定"按钮,效果如图 9-61 所示。

2. 实例二

(1)建立一个图像新文件,该图像尺寸为 16cm×12cm,300 像素,RGB 模式,背景色为白色。

图 9-60 "高斯模糊"效果

图 9-61 设置【USM 锐化】对话框参数之后的效果

（2）打开\素材\第 9 章\9-9.jpg，玩秋千的小孩如图 9-62 所示。

（3）在工具箱中选取"快速选择工具"按钮 ，选取小孩和秋千轮廓作为选区，并拖入新文件中，如图 9-63 所示。

图 9-62 玩秋千的小孩

图 9-63 选取小孩和秋千轮廓为选区，并拖入新文件中

（4）先选中"图层 1"，然后在菜单栏中单击"编辑"→"变换"→"旋转"命令，调整小孩图像的角度，如图 9-64 所示。

（5）先选中"图层 1"，单击鼠标右键，在弹出快捷菜单中单击"复制图层"命令，创建"图层 1 拷贝"。

（6）选取"移动工具"按钮 ，选中"图层 1 拷贝"，再把基准点拖到秋千旋转的位置，如图 9-65 所示。

（7）在工具设置栏中将"角度"设为 25.00 度，如图 9-66 所示。

（8）按<Enter>键，小孩图像旋转 25 度，如图 9-67 所示。

（9）在【图层】面板中选中"图层 1 拷贝"，再按住<Shift+Ctrl+Alt+T>组合键，复制两个小孩的图像，共有 4 个小孩图像，如图 9-68 所示。

图 9-64　调整小孩图像的角度　　　　图 9-65　把基准点拖到秋千旋转的位置

图 9-66　将"角度"设为 25.00 度

图 9-67　小孩图像旋转 25°　　　　图 9-68　共有 4 个小孩图像

（10）在【图层】面板中选中"图层 1",然后在菜单栏中单击"滤镜"→"模糊"→"高斯模糊"命令。在【高斯模糊】对话框中把"半径"设为 6 像素。设置完毕,单击"确定"按钮,小孩图像就变得非常模糊,如图 9-69 右边第 1 个图像所示。

（11）在【图层】面板中选中"图层 1 拷贝",再在菜单栏中单击"滤镜"→"模糊"→"高斯模糊"命令,在【高斯模糊】对话框中将"半径"设为 4 像素,再单击"确定"按钮,小孩图像就变得比较模糊,如图 9-69 右边第 2 个图像所示。

（12）在【图层】面板中选中"图层 1 拷贝 2",再在菜单栏中单击"滤镜"→"模糊"→"高斯模糊"命令,在【高斯模糊】对话框中将"半径"设为 2 像素,再单击"确定"按钮,小孩图像变模糊,如图 9-69 右边的第 3 个图像所示。

图 9-69　执行"高斯模糊"命令后的效果

3．实例三

（1）打开\素材\第 9 章\9-10.jpg，在屏幕的右上角单击"√"按钮，选取"基本功能"选项，如图 9-70 所示。

图 9-70　选取"基本功能"选项

（2）在【图层】面板中选取"背景"图层，单击鼠标右键，在弹出的快捷菜单中单击"复制图层"命令，复制"背景"图层，并命名为"背景 拷贝"。

（3）在【图层】面板中单击"背景 拷贝"图层前面的"指示图层可见性"按钮 ，使之消失，隐藏"背景 拷贝"图层中的图像。

（4）选中"背景"图层，在菜单栏中单击"滤镜"→"渲染"→"光照效果"命令，在工具设置栏中选取"柔化点光"命令，选中"预览"选项，如图 9-71 所示。

图 9-71　选取"柔化点光"命令，选中"预览"选项

（5）灯光效果如图 9-72 所示。

（6）移动灯光。移动之后的灯光位置如图 9-73 所示。

图9-72　灯光效果

图9-73　移动之后的灯光位置

（7）将光标放在灯光以外的区域，然后拖动光标，就可以旋转灯光，如图9-74所示。

（8）重复移动和旋转灯光，直到达到如图9-75所示的效果。

图9-74　旋转灯光

图9-75　重复移动和旋转灯光之后的灯光效果

（9）单击"确定"按钮，建立第一个灯光效果。

（10）在【图层】面板中单击"背景"图层前面的"指示图层可见性"按钮 ，使之消失，隐藏"背景"图层中的图像。单击"背景 拷贝"图层前面的方框"□"，显示"指示图层可见性"按钮 ，如图9-76所示。

（11）选中"背景 拷贝"图层，在菜单栏中单击"滤镜"→"渲染"→"光照效果"命令，在工具设置栏中选取"柔化点光"命令。

（12）按照相同的方法，制作第二个灯光效果，如图9-77所示。

（13）在【图层】面板中单击"背景"图层前面的方框"□"，显示"指示图层可见性"按钮 ，如图9-78所示。

（14）在【图层】面板中选取"背景 拷贝"图层，再把"混合模式"设为"颜色减淡"，如图9-78所示。叠加的两个灯光效果如图9-79所示。

图9-76　隐藏"背景"图层，显示"背景 拷贝"图层

图9-77　制作第二个灯光效果

图9-78　"混合模式"设为"颜色减淡"

图9-79　叠加的两个灯光效果

9.6 浮雕

（1）打开\素材\第9章\9-11.jpg，打开的奔马图像如图9-80所示。

（2）在工具箱中单击"快速选择工具"按钮，选取奔马的轮廓作为选区，如图9-81所示。

图9-80　奔马图像

图9-81　选取奔马的轮廓作为选区

（3）在菜单栏中单击"滤镜"→"风格化"→"浮雕效果"命令，在【浮雕效果】对话框中把"角度"设为45度、"高度"设为5像素，如图9-82所示。设置完毕，单击"确定"按钮，奔马图像就具有了"浮雕效果"，如图9-83所示。

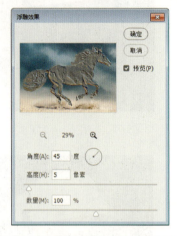

图 9-82　设置【浮雕效果】对话框参数　　　　图 9-83　奔马图像的"浮雕效果"

（4）如果不建立选区，那么系统默认给整幅图像建立"浮雕效果"，效果如图 9-84 所示。

（5）奔马的身体表面有许多坑坑洼洼，可以用如下方式进行修补：在工具箱中选取"仿制图章工具"按钮，按住<Alt>键，然后在奔马身体表面正常的位置取样，再单击坑坑洼洼的位置，可以使其身体表面变平整，如图9-85所示。

图 9-84　整幅图像建立"浮雕效果"　　　　图 9-85　使奔马的身体表面变平整

第 10 章 综合应用

本章通过 4 个简单的实例,详细介绍 Photoshop CC 2019 中的功能综合应用一些技巧。

10.1 拼图

(1)创建一个新文件,把"宽度"值设为 2、"高度"值设为 2,单位为厘米;把"分辨率"设为 300 像素/英寸,对"颜色模式"选取"RGB 颜色,8 位","背景内容"选取"白色"。

(2)在工具箱中单击"前景色"按钮,在【拾色器(前景色)】对话框的 R、G、B 栏中分别输入 0、255、0,使前景色变成绿色。

(3)双击"背景"图层,将其转化为普通图层,并命名为"图层 0"。

(4)按住<Ctrl>键,再单击"图层 0"的缩览图,选取整个图层作为选区。然后按<Delete>键,删除整个图层的白色背景,露出透明色,如图 10-1 所示。

(5)在工具箱中单击"矩形选框工具"按钮,在工具设置栏中对"样式"选取"固定大小",把"宽度"值设为 1、"高度"值设为 1,单位为厘米。

(6)在绘图区的左上角单击鼠标左键,绘制一个虚线矩形选区。按住<Alt+Delete>组合键,将矩形选区填充为绿色,如图 10-2 所示。按住<Ctrl+D>组合键,取消选区。

(7)在工具箱中单击"椭圆选框工具"按钮,在工具设置栏中对"样式"选取"固定大小",把"宽度"值设为 0.3、"高度"值设为 0.3,单位为厘米,建立一个圆形选区,并把它填充为绿色,所绘制的圆点如图 10-3 所示。

(8)在另一个方向建立一个选区,按<Delete>键,删除选区中的内容,生成的拼图基本形状如图 10-4 所示。

图 10-1 露出透明色   图 10-2 建立绿色选区   图 10-3 所绘制的圆点   图 10-4 拼图基本形状

（9）先选取"移动工具"按钮，再按住<Alt>键，拖动绿色的图案，将其水平复制。

（10）在菜单栏中单击"编辑"→"变换"→"水平翻转"命令，再单击"编辑"→"变换"→"垂直翻转"命令，将复制的图案调整方向。摆好位置后的拼图图案如图 10-5 所示。

（11）在菜单栏中单击"编辑"→"定义图案"命令，在【图案名称】对话框中把"名称"设为"拼图"，如图 10-6 所示。

图 10-5　拼图图案　　　　　　　　　图 10-6　把"名称"设为"拼图"

（12）打开\素材\第 10 章\10-1.jpg，然后创建"图层 1"。

（13）在菜单栏中单击"编辑"→"填充"命令，在【填充】对话框中对"内容"选取"图案"、"自定图案"选取刚才创建的图案、"模式"选取"正常"，把"不透明度"设为 50%，如图 10-7 所示。设置完毕单击"确定"按钮，填充后的图像如图 10-8 所示。

图 10-7　设置【填充】对话框参数　　　　图 10-8　填充后的图像

（14）在【图层】面板中双击"图层 1"没有文字的位置，在【图层样式】对话框中选中"斜面和浮雕"选项，对"样式"选取"枕状浮雕"、"方法"选取"平滑"，把"深度"设为 250%、"大小"设为 10 像素、"软化"设为 5 像素、"角度"设为 135 度、"高度"设为 30 度；对"高光模式"选取"滤色"，高亮颜色为白色，把"不透明度"设为

75%；对"阴影模式"选取"正片叠底"，阴影颜色为黑色，把"不透明度"设为75%，如图10-9所示。

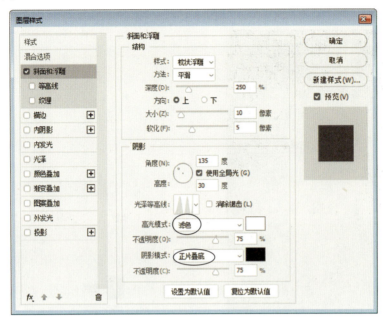

图10-9　设置"斜面和浮雕"选项参数

（15）单击"确定"按钮，拼图图案的边缘就有了立体效果，如图10-10所示。

（16）在【图层】面板中选中"图层1"，把"混合模式"设为"变暗"，如图10-11所示。"图层1"与"图层0"中的图像发生重叠效果，如图10-12所示。

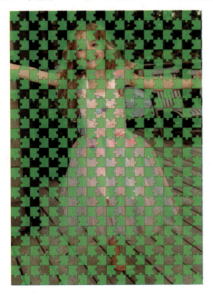

图10-10　添加的立体效果

图10-11　将"混合模式"设为"变暗"

（17）将"图层1"和"背景"图层合并，并命名为"背景"。

（18）双击"背景"图层名称，将背景图层解锁，此时图层名称自动改为"图层0"，如图10-13所示。

图10-12　图像发生重叠效果

图10-13　图层名称自动改为"图层0"

（19）用"钢笔工具"沿其中一个图案的轮廓建立选区，如图10-14所示。

（20）按<Ctrl+X>组合键，剪切选区中的图案，选区露出透明色，如图10-15所示。

（21）按<Ctrl+V>组合键，粘贴图案，【图层】面板中自动生成"图层1"。

（22）按住<Ctrl+T>组合键，再调整粘贴图案的位置及角度，如图10-16所示。

图10-14　建立选区

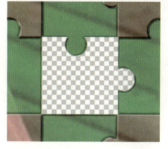

图10-15　选区露出透明色

图10-16　调整粘贴图案的位置及角度

（23）在【图层】面板中双击"图层1"项目栏中的空白位置，在【图层样式】对话框中选取"投影"选项，对"混合模式"选取"正片叠底"，把阴影颜色设置为黑色、"不透明度"设为80%、"角度"设为135度、"距离"设为10像素、"扩展"设为0%、"大小"设为8像素；对"等高线"选取"线性"，把"杂色"设为0%，如图10-17所示。

第 10 章 综合应用

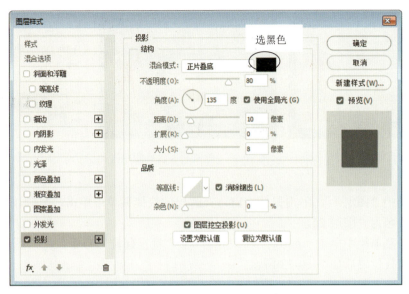

图 10-17 设置"投影"参数

（24）单击"确定"按钮，复制的图案就产生投影效果，如图 10-18 所示。

（25）采用相同的方法，剪切出其他几个拼图图案，如图 10-19 所示。

图 10-18 复制的图案产生投影效果

图 10-19 剪切出其他几个拼图图案

10.2 半透明鱼缸

（1）打开\素材\第 10 章\10-2a.jpg 和 10-2b.jpg，然后把超人的图像移到鱼缸图像中，如图 10-20 所示。此时，超人的图像在"图层 1"中。

（2）单击"快速选择工具"按钮，选取超人的轮廓作为选区。然后单击【图层】面板下方的"添加图层蒙版"按钮，给"图层 1"添加一个图层蒙版，隐藏超人以外的图像，如图 10-21 所示。【图层】面板参数设置如图 10-22 所示。

163

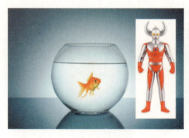  

图 10-20　把超人的图像移到鱼缸图像中　　图 10-21　隐藏超人以外的图像　　图 10-22　【图层】面板参数设置

（3）选中"图层 1"，单击鼠标右键，在弹出的快捷菜单中单击"复制图层"命令，把新图层命名为"图层 2"。

（4）在菜单栏中单击"编辑"→"变换"→"垂直翻转"命令，将"图层 2"的图像倒立，摆好位置后如图 10-23 所示。

（5）选中"图层 2"，再将"图层 2"的"不透明度"设为 30%，"图层 2"的颜色就变淡，如图 10-24 所示。

（6）在【图层】面板中单击"创建新组"按钮 ，创建"组 1"，并将"图层 1"和"图层 2"拖入"组 1"中，如图 10-25 所示。

  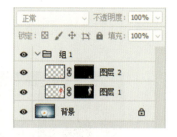

图 10-23　将图层 2 的图案倒立　　图 10-24　图层 2 的颜色变淡　　图 10-25　创建"组 1"并把"图层 1"和"图层 2"拖入其中

（7）沿玻璃杯的轮廓创建选区，再选中"组 1"。然后在【图层】面板的下方单击"添加图层蒙版"按钮 ，给"组 1"添加图层蒙版，如图 10-26 所示。

（8）按住<Alt>键，然后单击"组 1"的图层蒙版，使其呈黑白，如图 10-27 所示。

（9）按<Ctrl+I>组合键，使图像的颜色反相显示，如图 10-28 所示。

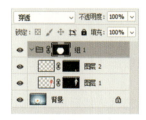 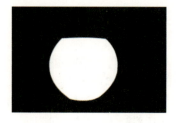 

图 10-26　"组 1"添加图层蒙版　　图 10-27　黑白显示　　图 10-28　使图像的颜色反相显示

（10）将前景色的 R、G、B 值分别设为 90、90、90。

（11）按<Ctrl>键，单击"组 1"的缩览图，在菜单栏中单击"选择"→"反选"命令。然后按<Alt+Delete>组合键，将黑色区域填充为灰色，如图 10-29 所示。最后按<Ctrl+D>组合键，取消选区。该步骤的目的是使玻璃杯产生半透明效果。

（12）按住<Alt>键，再次单击"组 1"的图层蒙版，使其恢复显示，如图 10-30 所示。

（13）在【图层】面板中选取"图层 1"和"图层 2"，单击鼠标右键，在弹出的快捷菜单中单击"链接图层"命令，使"图层1"和"图层2"链接在一起，可以一起移动。

（14）选取"移动工具"按钮，再选中"图层 1"，将超人图像拖至鱼缸图像背后，可以看到鱼缸背后的超人图像颜色较淡，如图 10-31 所示。

图 10-29　将黑白区域
填充为灰色

图 10-30　恢复显示

图 10-31　鱼缸背后的
图像颜色较淡

10.3　光盘

（1）创建一个图像新文件，把该图像"宽度"设为15cm、"高度"设为15cm、"分辨率"设为300像素/英寸，对"颜色模式"选取"RGB 颜色，8 位"、"背景内容"选取白色。

（2）在【图层】面板下方单击"创建新的填充或调整图层"按钮，在弹出的快捷菜单中单击"渐变"命令。在【渐变填充】对话框中对"渐变"选取"黑，白渐变"、"样式"选取"线性"，把"角度"设为 45 度、"缩放"设为 100%，选中"反向""与图层对齐"，如图 10-32 所示，图像界面如图 10-33 所示。

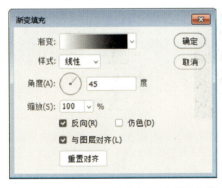

图 10-32　设置【渐变填充】对话框参数

图 10-33　图像界面

(3)打开\素材\第 10 章\10-3a.jpg,打开的图像是彩色的,如图 10-34 所示。在菜单栏中单击"图像"→"调整"→"去色"命令,该图像就变为灰色,如图 10-35 所示。

(4)在【图层】面板下方单击"创建新的填充或调整图层"按钮,在弹出的快捷菜单中单击"色阶"命令。在【属性】面板中选中"色阶"按钮,把"阴影色阶值"设为 40、"中间色阶值"设为 0.4、"高光色阶值"设为 255,如图 10-36 所示。在【图层】面板中创建"色阶 1"图层,如图 10-37 所示。同时图像黑白对比效果明显,如图 10-38 所示。

(5)在【图层】面板下方单击"创建新的填充或调整图层"按钮,在弹出的快捷菜单中单击"纯色"命令,C、M、Y、K 值设为 40、50、80、60。设置完毕,单击"确定"按钮,创建"颜色填充 1"图层,并把图层的"混合模式"设置为"滤色",如图 10-39 所示。此时图像具有褐色效果,如图 10-40 所示。

图 10-34 彩色图像

图 10-35 图像为灰色

图 10-36 输入色阶值

图 10-37 创建"色阶 1"图层

图 10-38 图像黑白对比效果明显

图 10-39 把"混合模式"设置为"滤色"

(6)打开【通道】面板,依次观察"红""绿""蓝"3 个通道的明、暗对比,可以发现"蓝"通道的明、暗对比最明显。

（7）按住<Ctrl>键，单击"蓝"通道的缩览图，得到高亮区域的选区。返回【图层】面板，单击"创建新的填充或调整图层"按钮，在弹出的快捷菜单中单击"纯色"命令，把 C、M、Y、K 值设为 20、20、60、0。设置完毕，单击"确定"按钮，创建"颜色填充 2"图层。此时图像具有黄色效果，如图 10-41 所示。

（8）选取"移动工具"按钮，图像移到新创建的文件中，如图 10-42 所示。

图 10-40　图像具有褐色效果

图 10-41　图像具有黄色效果

图 10-42　将图像移到新创建的文件中

（9）在工具箱中单击"椭圆选框工具"按钮，在工具设置栏中对"样式"选取"固定大小"，把"宽度"设为 10cm、"高度"设为 10cm，建立一个圆形选区。在菜单栏中单击"选择"→"反选"命令，然后按<Delete>键，将圆形选区之外的图像删除，得到圆形图像，如图 10-43 所示。

（10）按住<Ctrl>键，单击"图层 1"的缩览图，得到圆形图案的外形选区。然后单击"椭圆选框工具"按钮，在选区内单击鼠标右键，在弹出的快捷菜单中单击"变换选区"命令；再按住<Alt>键，拖动选区，以缩小选区。在工作区上方的属性栏中把"W:"设为 10%、"H:"设为 10%，使选区大小变为原来的 10%。按<Delete>键，删除圆形选区内的图像，光盘中间位置就显示镂空效果，如图 10-44 所示。

提示：在变换选区的大小时，按住<Alt>键，拖动选区，使选区的中心位置不变。

（11）创建"图层 2"，并用魔棒工具选取中间小圆作为选区，并把它填充为白色，如图 10-45 所示。

图 10-43　得到圆形图像

图 10-44　光盘中间位置显示镂空效果

图 10-45　中间小圆选区填充为白色

（12）按住<Ctrl>键，单击"图层 2"的缩览图，得到小圆选区。然后单击"椭圆选框工具"按钮，在选区内单击鼠标右键，在弹出的快捷菜单中选取"变换选区"命令。按住<Alt>键，拖动选区，以缩小选区，在工作区上方的属性栏中把"W:"设为150%、"H:"设为150%，使选区大小变为原来的150%。选择魔棒工具，按住<Alt>键，单击白色小圆形，从现有的圆形选区中减去白色小圆选区，在光盘中间得到圆环选区，把圆环选区填充为白色，如图 10-46 所示。

（13）在菜单栏中单击"选择"→"反选"命令，然后按<Delete>键，得到白色圆环，如图 10-47 所示。

（14）将"图层 2"的"混合模式"设为"柔光"，此时"图层 2"与"图层 1"的图像发生柔光的叠加，得到一个颜色淡淡的圆环，即光盘的内边沿，如图 10-48 所示。

图 10-46　将圆环选区填充为白色　　图 10-47　在光盘中间得到一个白色圆环　　图 10-48　得到一个颜色淡淡的圆环，即光盘内边沿

（15）创建"图层 3"，按住<Ctrl>键，单击"图层 1"的缩览图，再将选区填充为白色，如图 10-49 所示。

（16）按住<Ctrl>键，单击"图层 1"的缩览图，得到光盘的选区。然后单击"椭圆选框工具"按钮，在选区内单击鼠标右键，在弹出的快捷菜单中单击"变换选区"命令。按住<Alt>键，拖动选区，以缩小选区，在工作区上方的属性栏中将"W:"设为92%、"H:"设为92%，使选区大小变为原来的92%，然后按<Delete>键，就得到白色圆环，如图 10-50 所示。

（17）将"图层 3"的"混合模式"设为"柔光"，此时"图层 3"与"图层 1"的图像在光盘边沿生成一个淡色的圆环，如图 10-51 所示。

图 10-49　将选区填充为白色　　图 10-50　光盘外边沿得到白色圆环　　图 10-51　光盘外边沿生一个淡色的圆环

(18）在【图层】面板中双击"图层 1"项目栏文字后面的空白处，在【图层样式】对话框中选取"斜面与浮雕"选项，对"样式"选取"枕状浮雕"、"方法"选取"平滑"，把"深度"设为 100%、"大小"设为 5 像素、"软化"设为 5 像素、"角度"设为 120 度、"高度"设为 30 度；对"高光模式"选取"滤色"，把高亮颜色设为白色、"不透明度"设为 75%；对"阴影模式"选取"正片叠底"，把阴影颜色设为黑色，把"不透明度"设为 20%，如图 10-52 所示。

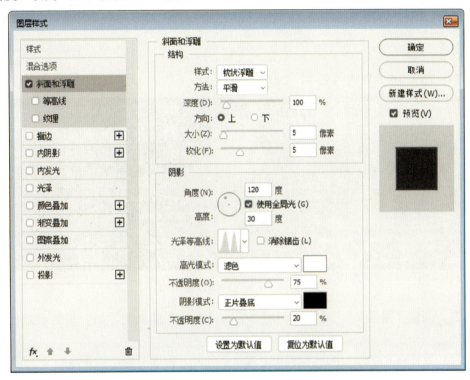

图 10-52　设置"斜面与浮雕"选项参数

（19）单击"确定"按钮，得到光盘外边沿的斜面和浮雕效果。
（20）采取相同的办法，生成光盘内边沿的斜面和浮雕效果，如图 10-53 所示。
（21）创建"图层 4"，将前景色改为白色。
（22）在【图层】面板中选取"图层 1"，再用魔棒工具选取光盘中间的小圆选区。在【图层】面板中选取"图层 4"，把光盘中间的小圆选区填充为"从前景色到透明渐变"，制作的小圆效果如图 10-54 所示。
（23）打开\素材\第 10 章\10-3b.jpg，选取"移动工具"按钮 ✥，用光标选中其中黑色的文字，即光盘标识，把它拖入光盘中，并调整其大小。调整之后的光盘标识大小如图 10-55 所示。

图 10-53　得到光盘内、外边沿的斜面和浮雕效果　　　图 10-54　制作的小圆效果　　　图 10-55　调整之后的光盘标识大小

（24）输入 10 首歌曲的名字，如图 10-56 所示。

图 10-56　输入 10 首歌曲的名字

（25）创建"图层 6"。此时"图层 6"在【图层】面板的顶层，将其前景色改为红色。

（26）按住<Ctrl>键，单击"2020 十大劲歌金曲"的缩览图，创建这行文字的选区。然后按<Alt+Delete>组合键，将其填充为红色。所填充的红色文字在"图层 6"中，覆盖了原来的白色文字，如图 10-57 所示。

图 10-57　红色文字覆盖了原来的白色文字

（27）先选取"图层 6"，再选取"移动工具"按钮，按住<Alt>键的同时按键盘上的右方向键"→"、下方向键"↓"各 4 次，红色文字就出现立体效果，如图 10-58 所示。

图 10-58　红色文字出现立体效果

(28) 在【图层】面板中将"2020 十大劲歌金曲"所在的图层放到顶层,白色文字出现在红色文字的上面,效果如图 10-59 所示。

图 10-59　白色文字出现在红色文字的上面

(29) 创建"图层 7",此时图层 7 在【图层】面板的顶层,将其前景色改为黑色。

(30) 在工具箱中单击"椭圆选框工具"按钮○,在工具设置栏中对"样式"选取"正常",建立一个椭圆选区,如图 10-60 所示。

(31) 在工具箱中选取"渐变工具"按钮■,在工具设置栏中选取"从前景色到透明渐变"选项和"线性渐变"选项。单击"确定"按钮,在选区中自下而上拖出一条直线,将椭圆选区生成线性渐变效果。

(32) 把"图层 7"放在"图层 1"和"渐变填充 1"图层之间,如图 10-61 所示。

(33) 光盘后面产生投影效果,如图 10-62 所示。

(34) 在菜单栏中单击"滤镜"→"模糊"→"高斯模糊"命令,在【高斯模糊】对话框中把"半径"设为 5 像素。单击"确定"按钮,投影轮廓变得模糊。

(35) 在工具箱中选取"橡皮擦工具"按钮✎,把画笔"大小"设为 200 像素、"硬度"设为 5%,"流量"设为 6%。在需进行线性渐变之处涂抹,得到合适的阴影效果。

图 10-60　建立一个椭圆选区　　图 10-61　把"图层 7"放在"图层 1"　　图 10-62　光盘后面产生投影效果和"渐变填充 1"图层之间

10.4　光盘包装盒

1. 制作包装盒的正面

(1) 创建一个图像新文件,把该图像"宽度"设为 16cm、"高度"设为 8cm、"分辨率"设为 300 像素/英寸,对"颜色模式"选取"RGB 颜色,8 位"、"背景内容"选取白色。

(2) 在【图层】面板下方单击"创建新的填充或调整图层"按钮●,在弹出的快捷菜单中单击"渐变"命令。在【渐变填充】对话框中单击▬▬▬("点按可编辑渐变"按钮),在【渐变编辑器】中对"名称"选取"自定"、"渐变类型"选取"实底",把"平滑度"设为100%,左边颜色的CMYK值设为(64,53,59,3),右边颜色的C、M、Y、K值设为75、20、70、0,如图10-63所示。

图10-63 设置【渐变编辑器】对话框参数

(3)单击"确定"按钮,在【渐变填充】对话框中对"样式"选取"线性",把"角度"设为90°、"缩放"设为100%,选取"反向"和"与图层对齐"选项,如图10-64所示,图像操作界面如图10-65所示。

图10-64 设置【渐变填充】对话框参数   图10-65 图像操作界面

(4)创建一个图层,把它命名为"正面"。在工具箱中单击"矩形选框工具"按钮,在工具设置栏中对"样式"选取"固定大小",把"宽度"设为5cm、"高度"设为5cm,建立一个选区,并把它填充为白色,如图10-66所示。

(5)打开\素材\第10章\10-4a.jpg,把该图像移至当前文件中,调整图像大小和位置。选中"图层1",单击鼠标右键,在弹出的快捷菜单中单击"创建剪贴蒙版"命令,使图像只在白色框内显示，效果如图 10-67 所示。

（6）创建"图层 2"，此时【图层】面板如图 10-68 所示。

（7）在工具箱中选取"画笔工具" ，单击"画笔设置"按钮 ，在【画笔设置】面板中单击"画笔笔尖形状"按钮，把"大小"设为 230 像素、"硬度"设为 100%、"间距"设为 25%，如图 10-69 所示。

图 10-66　建立一个选区，并把它填充为白色

图 10-67　图像在白色框内显示的效果

（8）在【画笔设置】面板中选中"形状动态"选项，把"大小抖动"设为 75%、"最小直径"设为 1%，如图 10-70 所示。

（9）在【画笔设置】面板中选中"散布"选项，把"散布"随机性设为 1000%、"数量"设为 1，如图 10-71 所示。

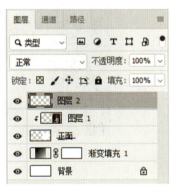
图 10-68　【图层】面板

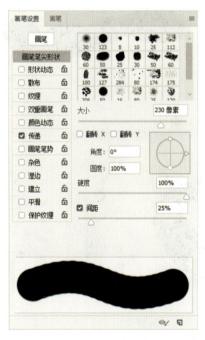
图 10-69　设置"画笔笔尖形状"选项参数

（10）把"前景色"设置为白色，然后在图像上拖动光标，绘制一些大小不均匀的离散点，如图 10-72 所示。

（11）选中"图层 2"，单击鼠标右键，在弹出的快捷菜单中单击"创建剪贴蒙版"

命令，使图像只在白色框内显示，再把该图层的"不透明度"设为30%，如图10-73所示，图像效果如图10-74所示。

图10-70 设置"形状动态"选项参数

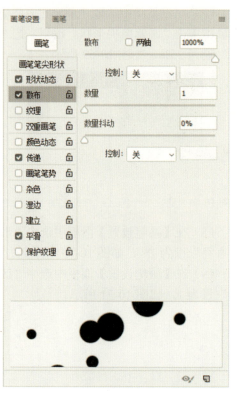

图10-71 设置"散布"选项参数

图10-72 绘制一些大小不均匀的离散点

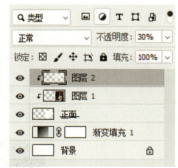

图10-73 把图层的"不透明度"设为30%

图10-74 图像效果

（12）复制"图层2"，把"图层2拷贝"的"不透明度"设为20%。移动"图层2拷贝"的图像，使圆点图像部分重叠，如图10-75所示。

（13）创建一个新的图层，把名称设为"色谱"。

（14）按住<Ctrl>键，再单击"正面"图层的缩览图，建立选区。然后选取"渐变工具"按钮，在设置栏中选取"色谱"选项和"线性渐变"选项，单击"确定"按钮。在选区中从左下角向右上角拖出一条直线，得到色谱渐变效果，如图10-76所示。

（15）把"色谱"图层的"混合模式"设置为"减去"，把"不透明度"设为50%，得到的图像效果如图10-77所示。

图 10-75　使圆点图像部分重叠　　　图 10-76　色谱渐变效果　　　图 10-77　图像效果

（16）创建一个新的图层，把图层名称设为"白光"。在工具箱中选取"画笔工具"，单击"画笔设置"按钮，在【画笔设置】面板中单击"画笔笔尖形状"按钮，把"大小"设为10像素、"硬度"设为100%、"间距"设为250%。

（17）在【画笔设置】面板中选中"形状动态"选项，把"大小抖动"设为100%、"最小直径"设为1%，参考图10-70。

（18）在【画笔设置】面板中选中"散布"选项，把"散布"随机性设为1000%、"数量"设为1，参考图10-71。

（19）沿人物图像拖动光标，绘制离散分布的白光点，如图10-78所示。

（20）按住<Ctrl>键，单击"正面"图层的缩览图。在菜单栏中单击"选择"→"反选"命令，然后选取"白光"图层。按<Delete>键，删除图像以外的白光点，如图10-79所示。

图 10-78　绘制离散分布的白光点　　　图 10-79　删除图像以外的白光点

（21）在【图层】面板中双击"白光"图层栏的空白处，在【图层样式】对话框中选取"外发光"选项，对"混合模式"选取"滤色"，把"不透明度"设为 75%、"杂色"设为 0%、"设置发光颜色"设为白色；对"方法"选取"柔和"，把"扩展"设为10%、"大小"设为 12 像素、"范围"设为 50%、"抖动"设为 25%，如图 10-80 所示。

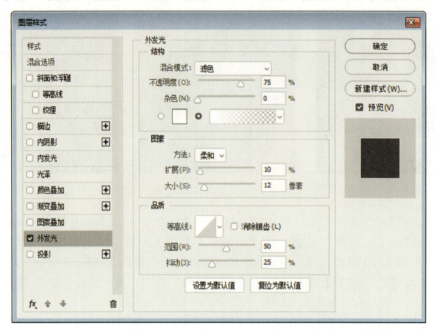

图 10-80　设置【图层样式】对话框参数

（22）单击"确定"按钮，白光点产生发光的效果，如图 10-81 所示。

（23）把"白光"图层的"不透明度"设为 80%，"混合模式"设为"柔光"，如图 10-82 所示。白光点变得比较模糊，如图 10-83 所示。

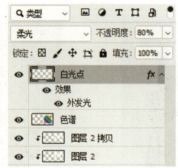

图 10-81　白光点产生　　　图 10-82　"混合模式"　　　图 10-83　白光点变得
　　发光的效果　　　　　　　　设为"柔光"　　　　　　　　比较模糊

（24）单击"直排文字工具（T）"按钮，单击工具设置栏的"切换字符和段落面板"按钮，在【字符】面板中设置文字的参数，其中颜色的 R、G、B 值分别为 200、

200、0，如图 10-84 所示。输入"2020 劲歌金曲"文字，效果如图 10-85 所示。

（25）在【图层】面板中双击"2020 劲歌金曲"图层栏的空白处，在【图层样式】对话框中选取"外发光"选项，对"混合模式"选取"强光"，把"不透明度"设为 75%、"杂色"设为 0、"设置发光颜色"设为白色；对"方法"选取"柔和"，把"扩展"设为 50%、"大小"设为 10 像素、"范围"设为 50%、"抖动"设为 25%。

（26）单击"确定"按钮，文字产生发光的效果，如图 10-86 所示。

图 10-84　设置文字的参数

图 10-85　输入"2020 劲歌金曲"文字

图 10-86　文字产生发光的效果

（27）在【图层】面板中单击"创建新组"按钮，把它命名为"正面"，并将除"背景"图层和"渐变填充"图层之外的其他图层全部拖入"正面"组中。单击"正面"组前面的"√"按钮，将组收起后，图层分布如图 10-87 所示。

2. 制作包装盒的背面

光盘包装盒的正面已经绘制完成，下面开始制作包装盒背面的效果图。

（1）打开\素材\第 10 章\10-4b.jpg，如图 10-88 所示。

图 10-87　图层分布

图 10-88　打开的 10-4b.jpg 图像

（2）在菜单栏中单击"滤镜"→"模糊"→"动感模糊"命令，在【动感模糊】对话框中把"角度"设为 60°、"距离"设为 2000 像素，如图 10-89 所示。设置参数之后，"动感模糊"效果如图 10-90 所示。

图 10-89　设置【动感模糊】对话框参数

图 10-90　"动感模糊"效果

（3）在工具箱中单击"矩形选框工具"按钮，在工具设置栏中对"样式"选取"固定大小"，把"宽度"值设为 5、"高度"值设为 5cm，单位为厘米，在线条较明显的区域建立一个选区，如图 10-91 所示。并把该选区拖至光盘包装盒图像中，适当调整其位置，使两个图像上、下对齐，如图 10-92 所示。

图 10-91　在线条较明显的区域建立一个选区

图 10-92　把选区拖至光盘包装盒图像中

（4）打开\素材\第 10 章\10-4c.jpg，在菜单栏中单击"滤镜"→"模糊"→"动感模糊"命令，在【动感模糊】对话框中把"角度"设为 120 度、"距离"设为 2000 像素。在工具箱中单击"矩形选框工具"按钮，在工具设置栏中对"样式"选取"固定大小"，把"宽度"值设为 5、"高度"值设为 5，单位为厘米，在线条较明显的区域建立一个选区，如图 10-93 所示。把该选区拖至光盘包装盒图像中，与第一次拖进来的图像位置重合，如图 10-94 所示。

图 10-93　在线条较明显的区域建立一个选区

图 10-94　与第一次拖入进来的图像位置重合

第 10 章 综合应用

（5）在【图层】面板中分别选取"图层 3"和"图层 4"，在"混合模式"中分别选取"亮光"，如图 10-95 所示，图像显示效果如图 10-96 所示。

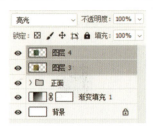

图 10-95 把"图层 3"和"图层 4"的"混合模式"设为"亮光"

图 10-96 图像显示效果

（6）单击"直排文字工具（T）"按钮 T，输入文字"流行金曲排行榜"，文字的颜色为白色，如图 10-97 所示。

（7）在【图层】面板中，选取"流行金曲排行榜"图层。单击鼠标右键，在弹出的快捷菜单中单击"复制图层"命令，得到"流行金曲排行榜 拷贝"图层，并将"流行金曲排行榜 拷贝"图层栅格化。

（8）按住<Ctrl>键，单击"流行金曲排行榜 拷贝"图层的缩览图，将其载入选区。在菜单栏中单击"选择"→"修改"→"扩展"命令，在【扩展选区】对话框中把"修改量"设为 2 像素。设置完毕，单击"确定"按钮，再次把选区填充为白色，扩展后的文字如图 10-98 所示。

图 10-97 输入文字

图 10-98 扩展后的文字

（9）选取"流行金曲排行榜 拷贝"图层，在【图层】面板下方单击"添加图层样式"按钮 fx。在弹出的快捷菜单中单击"渐变叠加"命令，在【渐变叠加】对话框中对"混合模式"选取"正片叠底"，把"不透明度"设为 100%；对"渐变"选取"色谱"渐变，把"角度"为 90 度，如图 10-99 所示。

（10）单击"确定"按钮，"流行金曲排行榜 拷贝"图层的文字产生彩色效果，如图 10-100 所示。

（11）将"流行金曲排行榜"图层移至"流行金曲排行榜 拷贝"图层的上面，图层分布如图 10-101 所示。文字效果发生改变，如图 10-102 所示。

179

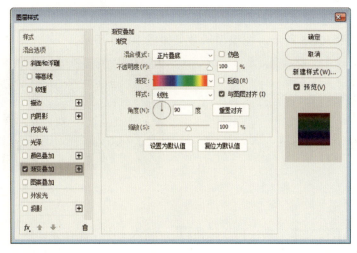

图 10-99　设置【渐变叠加】对话框参数

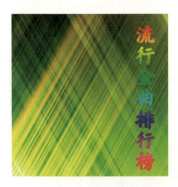  

图 10-100　文字产生彩色效果　　　图 10-101　图层分布　　　图 10-102　文字效果发生改变

（12）输入其他歌曲的名称，如图 10-103 所示。

（13）在【图层】面板中单击"创建新组"按钮，把它命名为"背面"，并将背面图像中的图层全部拖入"背面"组中。单击"背面"组前面的"√"按钮，将组收起后，图层分布如图 10-104 所示。

图 10-103　输入其他歌曲的名称　　　　　图 10-104　图层分布

3. 制作包装盒的侧脊

下面开始制作光盘包装盒的侧脊。

（1）创建一个新图层，把它命名为"侧脊"，如图 10-105 所示。

（2）在工具箱中单击"矩形选框工具"按钮，在工具设置栏中对"样式"选取"固定大小"，把"宽度"设为 0.5cm、"高度"设为 5cm；在包装盒正面和背面之间建立一个选区，并把它填充为黑色，如图 10-106 所示。然后拖动该图层，使其与正、背面图层对齐。

图 10-105　创建"侧脊"图层

图 10-106　填充为黑色

（3）选中"侧脊"图层，在【图层】面板下方单击"添加图层样式"按钮，在弹出的快捷菜单中单击"渐变叠加"命令。在【渐变叠加】对话框中对"混合模式"选取"滤色"，把"不透明度"设为 70%；对"渐变"选取"色谱"渐变，把"角度"设为 90 度，如图 10-107 所示，侧脊颜色效果如图 10-108 所示。

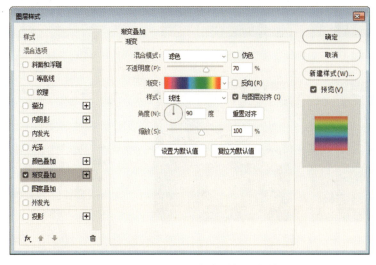

图 10-107　设置"渐变叠加"参数

（4）把侧脊颜色变柔和一些。先把"前景色"设为白色，再选中"侧脊"图层。然后在【图层】面板下方单击"创建新的填充或调整图层"按钮，在弹出的快捷菜单中选取"纯色"命令，侧脊变成白色，【图层】面板中出现"颜色填充1"图层，就表明成功创建了"颜色填充 1 图层"，如图 10-109 所示。选中"颜色填充 1"图层，单击鼠标右键，在弹出的快捷菜单中单击"创建剪贴蒙版"命令，把"不透明度"改为 30%。此时侧脊颜色变得柔和，如图 10-110 所示，图层分布如图 10-111 所示。

（5）在侧脊中输入文字"2020 十大华语劲歌金曲专集"，如图 10-112 所示。

（6）创建"侧脊"组，并将相关图层拖入"侧脊"组中，然后单击"侧脊"组前面的"√"按钮，使"侧脊"组收起，图层分布如图 10-113 所示。

图 10-108　侧脊颜色效果

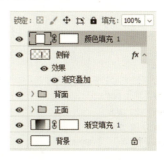
图 10-109　创建"颜色填充 1"图层

图 10-110　侧脊颜色变得柔和

图 10-111　图层分布

图 10-112　在侧脊输入中文字

图 10-113　图层分布

（7）在【图层】面板中选取"正面"组，单击鼠标右键，在弹出的快捷菜单中单击"合并组"命令，将该组变为图层。采用相同的方法，把"背面"组和"侧脊"组也变为图层，如图 10-114 所示。再把正面、侧脊和背面的图像连在一起，如图 10-115 所示。

第10章 综合应用

图 10-114 把组变为图层　　　　图 10-115 把正面、侧脊和背面的图像连在一起

（8）先选取"正面"图层，然后在菜单栏中单击"编辑"→"变换"→"斜切"命令，调整正面图像的控制点，使正面图像具有透视图的效果，如图 10-116 所示的正面。

（9）在菜单栏中单击"编辑"→"变换"→"缩放"命令，按住<Shift>键，拖动正面图像的控制点，使它的宽度缩小。

（10）采取相同的方法，使背面图像也具有透视图的效果，如图 10-116 所示的背面。

图 10-116 使正面、背面图像具有透视图的效果

（11）创建一个图层，把它命名为"图层 1"，并把"图层 1"放在"正面"图层的上方，如图 10-117 所示。

（12）把"前景色"设为黑色，然后按住<Ctrl>键，单击"正面"图层的缩览图，将其载入选区。选取"图层 1"，单击"渐变工具"按钮，在【渐变编辑器】对话框中选取"从前景色到透明色渐变"，如图 10-118 所示。

（13）单击"确定"按钮，在选区中从右上角向左下角拉出一条直线，就得到从右上角向左下角的渐变效果，如图 10-119 所示。此时，选区右上角的颜色较黑。

183

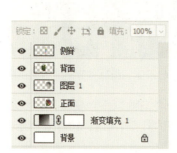

图 10-117　把"图层 1"放在"正面"图层的上方

图 10-118　选取"从前景色到透明色渐变"

图 10-119　渐变效果

（14）选取"图层 1"，把"不透明度"设为 30%。此时右上角的颜色变得较清晰，如图 10-120 所示。

（15）创建一个图层，把它命名为"图层 2"，并把"图层 2"放在"背面"图层的上方，如图 10-121 所示。

（16）按照相同的方法，使背景图像从左上角向右下角得到从黑色到透明色的渐变效果，如图 10-122 所示。

第 10 章 综合应用

图 10-120　右上角的颜色变得较清晰

图 10-121　把"图层 2"在
"背面"图层的上方

图 10-122　从黑色到透明色的渐变效果

4．制作包装盒的倒影效果

（1）在【图层】面板中单击"创建新组"按钮，命名为"正立"，并将"正面""图层 1""图层 2""背面""侧脊"图层全部拖入"正立"组中。单击"正立"组前面的"√"按钮，将组收起后，图层分布如图 10-123 所示。

（2）在【图层】面板中选取"正立"组，单击鼠标右键，在弹出的快捷菜单中单击"复制组"命令，它命名为"倒影"，如图 10-124 所示。

（3）先选中"倒影"组，然后在菜单栏中单击"编辑"→"变换"→"垂直翻转"命令，将"倒影"组的图像倒立，如图 10-125 所示。

图 10-123　图层分布

图 10-124　建立"倒影"组

（4）单击"倒影"组前面的">"按钮，展开"倒影"组。然后把"倒影"组里面的每个图层都向下拖，得到的效果如图 10-126 所示。

图 10-125　将"倒影"组的图像倒立

图 10-126　把"倒影"组里面的每个图层都向下拖得到的效果

（5）先选取"倒影"组里的"正面"图层，然后在菜单栏中单击"编辑"→"变换"→"斜切"命令，调整图像的控制点，使正面图像具有倒影的效果，如图 10-127 中的正面所示。

（6）采用相同的方法，使其他图像也具有倒影效果，如图 10-127 中的背面和侧脊所示。

（7）选取"倒影"组，把"不透明度"设为 50%，得到的倒影淡化效果如图 10-128 所示。

图 10-127　倒影效果

图 10-128　得到的倒影淡化效果

（8）在【图层】面板的下方单击"创建新图层"按钮，创建新的图层，把它命名为"图层3"，放在【图层】面板的顶层，如图10-129所示。

（9）把"前景色"设为灰色、C、M、Y、K值分别设为20、18、15、0。在工具箱中选取"渐变工具"按钮，在【渐变编辑器】中选取"从前景色到透明色渐变"，在界面中从图像底部至倒影图像的上边沿拖动光标，生成的渐变效果如图10-130所示。

图10-129 创建"图层3"　　　　　　　图10-130 渐变效果

（10）选取"正立"组，单击"添加图层样式"按钮fx。在弹出的快捷菜单中单击"投影"命令，在【倒影】对话框中对"混合模式"选取"正片叠底"、"阴影颜色"选取"黑色"，把"不透明度"设为100%、"角度"设为90度、"距离"设为2像素、"扩展"设为10%、"大小"设为6像素、"杂色"设为0%，如图10-131所示。

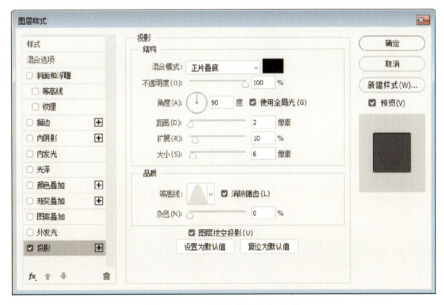

图10-131 设置"投影"参数

（11）单击"确定"按钮，在正立图像的周围添加一圈阴影效果，如图10-132所示。

图10-132　在正立图像的周围添加一圈阴影效果

第 11 章 常用设计实例

本章通过几个简单的实例，详细介绍一些 Photoshop CC 2019 中的设计应用技巧。

11.1 蛋糕盒设计

1. 蛋糕盒平面图

（1）创建一个新文件，把"预算详细信息"设为"蛋糕盒平面图"、"宽度"设为 12cm、"高度"设为 12cm、"分辨率"设为 300 像素/英寸，对"颜色模式"选取"RGB 颜色，8 位"、"背景内容"选取白色。

（2）打开\素材\第 11 章\足球.jpg，足球的图像如图 11-1 所示。在菜单栏中单击"滤镜"→"模糊"→"动感模糊"命令，在【动感模糊】对话框中把"角度"设为 90 度、"距离"设为 2000 像素，如图 11-2 所示。再次执行"动感模糊"命令，效果如图 11-3 所示。

图 11-1　足球的图像

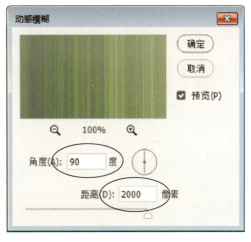

图 11-2　设置【动感模糊】对话框参数

（3）在工具箱中单击"矩形选框工具"按钮，在工具设置栏中对"样式"选取"固定大小"，把"宽度"设为 8cm、"高度"设为 8cm，在线条较明显的区域建立一个选区，如图 11-4 所示。把该选区拖至新文件图像中，如图 11-5 所示。

(4)打开\素材\第 11 章\爱心图案.jpg,把爱心图案拖入到新文件中,如图 11-6 所示。

(5)单击"矩形选框工具"按钮，在工具设置栏中对"样式"选取"固定大小",把"宽度"设为 2.8cm、"高度"设为 1cm,建立一个选区,如图 11-7 所示。

图 11-3　"动感模糊"效果　　　　　　　图 11-4　在线条较明显的区域建立一个选区

图 11-5　把新建的选区拖至　　图 11-6　拖入爱心图案　　图 11-7　建立一个选区
　　　　　新文件图像中

(6)新建一个图层,把它命名为"图层 3"。在菜单栏中单击"编辑"→"描边"命令,在【描边】对话框中把"宽度"设为 3 像素、颜色设为红色,对"位置"选取"居中",如图 11-8 所示。设置完毕,单击"确定"按钮,生成的红色矩形框如图 11-9 所示。

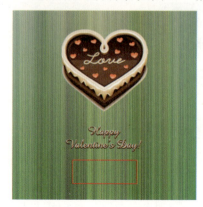

图 11-8　设置【描边】对话框参数　　　　　　图 11-9　红色矩形框

(7) 在工具箱中选取"横排文字工具（T）"按钮 T，输入文字"定做蛋糕"，对字体选取"楷体"，红字，如图 11-10 所示。

(8) 在菜单栏中单击"图层"→"图层样式"→"投影"命令，在【投影】对话框中对"混合模式"选取"正片叠底"，把"不透明度"设为 50%、"角度"设为 90 度、"距离"为 5 像素、"扩展"设为 0%、"大小"设为 8 像素，如图 11-11 所示。

图 11-10　输入文字"定做蛋糕"

图 11-11　设置"投影"对话框参数

(9) 单击"确定"按钮，文字产生投影效果，如图 11-12 所示。

(10) 在【图层】面板中双击"投影"，在【图层样式】对话框中选取"描边"样式，在【描边】对话框中把"大小"设为 2 像素，对"位置"选取"外部、"混合模式"选取"正常"；把"不透明度"设为 100%，对"颜色"选取白色，如图 11-13 所示。

图 11-12　文字产生投影效果

图 11-13　设置"描边"对话框参数

(11) 单击"确定"按钮，文字产生白色的描边效果，如图 11-14 所示。

(12) 在工具箱中选取"横排文字工具（T）"按钮 T，字体和文字颜色自定。设置完毕，输入其他文字，如图 11-15 中的小号字所示。

图 11-14　文字产生白色的描边效果

图 11-15　输入其他文字

(13) 打开\素材\第 11 章\优惠贴.jpg 和贴图.jpg，并把这两个图案拖入蛋糕盒的图像中，如图 11-16 所示。

（14）打开\素材\第 11 章\水果素材.jpg，打开的图像背景是白色的，在菜单栏中选取"魔棒工具"按钮，选取白色的背景为选区，如图 11-17 所示。

图 11-16　将优惠贴和贴图拖入蛋糕盒的图像中　　　图 11-17　选取白色部分为选区

（15）按<Delete>键，删除白色的背景，露出透明的背景。

（16）单击"矩形选框工具"按钮，在工具设置栏中对"样式"选取"正常"，沿草莓图案建立一个矩形选区，如图 11-18 所示。

（17）将草莓图像拖入蛋糕包装盒图像中，如图 11-19 所示。

（18）采用相同的方法，将其他水果图像拖到包装盒图像中，如图 11-19 所示。

图 11-18　沿草莓图案建立一个选区　　　图 11-19　将水果图像拖入蛋糕包装图像中

（19）在【图层】面板中选取"图层 1"～"图层 8"，按<Ctrl+Alt+E>组合键，将"图层 1"～"图层 8"合并成一个新的图层，把它命名为"图层 8（合并）"，保留原图层不变。

提示：按<Ctrl+Alt+E>组合键，合并所有被选取的图层；按<Shift+Ctrl+Alt+E>组合键，合并所有可见图层。用这个命令合并图层，可以保留原图层，方便以后继续编辑各个图层。

2. 蛋糕盒透视图

（1）创建一个新文件，把"预算详细信息"设为"蛋糕盒透视图"、"宽度"设为12cm，"高度"设为8cm、"分辨率"设为300像素/英寸，对"颜色模式"选取"RGB 颜色，8位"，并填充为淡黄色（R、G、B 值分别为245、245、200），如图11-20所示。

（2）把包装盒平面图中的"图层8（合并）"图像拖入，如图11-21所示。

图11-20　创建一个新文件，并把它填充为淡黄色

图11-21　把包装盒平面图中的"图层8（合并）"图像拖入

（3）在菜单栏中单击"视图"→"标尺"命令，在操作界面上显示纵向标尺和横向标尺。然后把光标放在标尺栏中，按住鼠标左键，向操作界面中心拖动光标，拖出一条水平参考线和一条竖直参考线。

（4）在【图层】面板中选取"图层8（合并）"，按住<Ctrl>键，拖动图像的4个角，使左右两个角在水平参考线上，上角点稍微偏向竖直参考线的右边，下角点稍微偏向竖直参考线的左边，做成透视图，效果如图11-22所示。

提示：制作透视图的要点是，水平方向的两个角在同一条水平参考线上，上面的角稍微靠右，下面的角稍微靠左。

（5）按住水平参考线（或竖直参考线）并把它拖入标尺栏中，把水平参考线（或竖直参考线）隐藏。

注意：水平参考线和竖直参考线在这里主要起辅助作用。

（6）再绘制两条竖直参考线，与角位对齐，如图11-23所示。

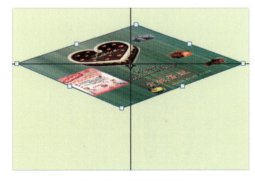

图11-22　透视图效果

图11-23　再绘制两条竖直参考线

(7）创建一个图层，选取"多边形索套工具"按钮，绘制一个四边形选区，并把它填充为深红色（#881536），把它作为蛋糕盒的侧面，如图 11-24 所示。然后隐藏参考线。

（8）打开\素材\第 11 章\侧面 5.jpg，把该图像拖入蛋糕盒的第一个侧面，并调整其位置，如图 11-25 所示。

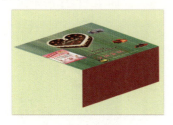

图 11-24　制作蛋糕盒的侧面

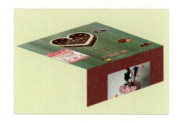

图 11-25　把图案拖入蛋糕盒的侧面中

（9）打开\素材\第 11 章\侧面 2.jpg，把该图像拖入蛋糕盒的第二个侧面中，并调整成透视图，如图 11-26 所示。为了方便调整图像，最好也沿左边的端点绘制竖直参考线。

（10）新建"图层 4"，选取"多边形索套工具"按钮，在左侧绘制一个四边形选区，并把它填充为浅灰色（#749f89），作为蛋糕盒左侧边沿的图像，如图 11-27 所示。

图 11-26　制作第二个侧面透视图

图 11-27　蛋糕盒左侧边沿的图像

（11）按住<Ctrl>键，然后单击"图层 4"的缩览图。然后在菜单栏中单击"选择"→"修改"→"羽化"命令，在【羽化选区】对话框中把"羽化半径"设为 10 像素，如图 11-28 所示。

（12）新建一个图层，把它命名为"图层 5"，并将该图层填充为黑色。然后把"图层 5"放在"图层 4"的下方，【图层】面板中的图层分布如图 11-29 所示。

图 11-28　把"羽化半径"设为 10 像素

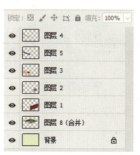

图 11-29　图层分布

（13）在【图层】面板中选取"图层 5"，在工具箱中选取"移动工具"按钮。然后单击方向键"↓"若干次，使蛋糕盒边沿图像得到投影效果，如图 11-30 所示。

（14）新建"图层 6"，选取"多边形索套工具"按钮，在右侧绘制一个四边形选区，并把它填充为浅灰色（#749f89），作为蛋糕盒右侧边沿的图像，如图 11-31 所示。

图 11-30　使蛋糕盒边沿图像得到投影效果

图 11-31　蛋糕盒右侧边沿图像

（15）按住<Ctrl>键，然后单击"图层 6"的缩览图。然后在菜单栏中单击"选择"→"修改"→"羽化"命令，在【羽化选区】对话框中把"羽化半径"设为 10 像素。

（16）新建一个图层，把它命名为"图层 7"，并将该图层填充为黑色。然后把"图层 7"放在"图层 6"的下方，【图层】面板的图层分布如图 11-32 所示。

（17）在【图层】面板中选取"图层 7"，在工具箱中选取"移动工具"按钮。然后单击方向键"↓"若干次，使蛋糕盒边沿图像得到投影效果，如图 11-33 所示。

图 11-32　图层分布

图 11-33　使盒子边沿图像得到投影效果

（18）打开"包装盒平面图.psd"，在【图层】面板中选取红色边框的图层和"定制蛋糕"的图层，并把它们拖入当前图像中，如图 11-34 所示。

（19）先按住<Ctrl+E>组合键，把红色边框的图层和"定制蛋糕"的图层合并。然后在菜单栏中单击"编辑"→"变换"→"斜切"命令，将其调整成透视效果，如图 11-35 所示。

图 11-34　选取红色边框的图层和"定制蛋糕"的图层，并它们拖入当前图像中

图 11-35　调整成透视效果

（20）在工具箱中选取"钢笔工具"按钮 ，绘制一条路径，并建立选区，如图11-36所示。

（21）新建一个图层，把它命名为"图层8"，并将"前景色"设为灰色（#76736e）。然后按<Ctrl+Delete>组合键填充新建的选区，如图11-37所示。

图11-36　建立选区　　　　　　　　　　图11-37　填充新建的选区

（22）将"图层8"移到"背景"图层的上方，如图11-38所示。

（23）保持选区状态，按方向键"↑"两次，创建新图层，把它命名为"图层9"，并把该图层放在"图层8"的上方。

（24）把"前景色"设为灰色（#76736e）、"背景色"设为白色，在工具箱中选取"渐变工具"按钮 ，在【渐变编辑器】对话框中选取"前景色到背景色渐变"选项。然后，从左到右绘制一条直线，得到从浅灰色到白色渐变的效果，生成的盒底图像如图11-39所示。

图11-38　将"图层8"移到"背景"图层的上方　　　图11-39　盒底图像

（25）建立一个选区，如图11-40所示。

（26）新建一个图层，把它命名为"图层10"，把"图层10"放在"图层9"的上方。

（27）将"前景色"设为灰色（#76736e），在工具箱中选取"渐变工具"按钮 ，在【渐变编辑器】对话框中选取"从前景色到透明色渐变"选项。然后从右到左绘制一条直线，得到从浅灰色到透明色渐变的效果，生成的投影图像如图11-41所示。

图 11-40　建立一个选区

图 11-41　投影效果

11.2　茶叶盒设计

1. 茶叶盒平面图

（1）创建一个新文件，把"预算详细信息"设为"茶叶盒平面图"、"宽度"设为 12cm、"高度"设为 8cm、"分辨率"设为 300 像素/英寸，对"颜色模式"选取"RGB 颜色，8 位"，"背景内容"选取"白色"。

（2）在菜单栏中单击"视图"→"标尺"命令，在屏幕上显示纵向标尺和横向标尺。

（3）把光标放在标尺栏中，按住鼠标左键，往屏幕中心拖动光标，拖出 11 条水平参考线和 9 条竖直参考线。水平参考线对应的标尺分别是 0、0.5、1、1.3、1.8、2、2.5、4、7、7.5、8，竖直参考线对应的标尺分别是 0、3、4、4.2、4.6、5.5、6.15、8、12，如图 11-42 所示。

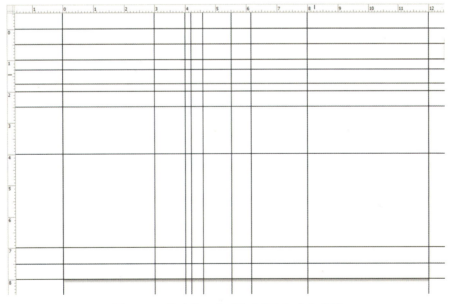

图 11-42　拖出若干水平参考线和竖直参考线

(4)先把"前景色"的 R、G、B 值分别设为 201、147、79,再创建"图层 1"。

(5)在工具箱中单击"多边形索套工具"按钮,连接图 11-43 中棕色区域的顶点,建立选区。然后按<Alt+Delete>组合键,把选区填充为棕色。

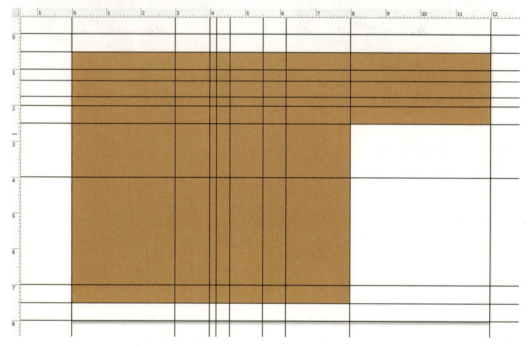

图 11-43　把选区填充为棕色

(6)在菜单栏中单击"视图"→"显示额外内容"命令,隐藏参考线。

(7)打开\素材\第 11 章\茶叶.jpg,双击"背景"图层,将其名称改为"图层 0",如图 11-44 所示。

(8)在菜单栏中选取"魔棒工具"按钮,选取白色的背景为选区。按<Delete>键,背景,变为透明色,如图 11-45 所示。

图 11-44　双击"背景"图层,将其名称改为"图层 0"　　　图 11-45　背景色变为透明色

(9)在菜单栏中单击"编辑"→"定义图案"命令,在【图案名称】对话框中,把"名称"设为"茶叶";单击"确定"按钮,将茶叶图像定义为图案。

(10) 切换到"茶叶盒平面图"中，按住<Ctrl>键，单击"图层 1"的缩览图，建立选区。

(11) 在菜单栏中单击"图层"→"新建填充图层"→"图案"命令，在【新建图层】对话框中单击"确定"按钮，在【图案填充】对话框中把"缩放"设为 30%，如图 11-46 所示。

(12) 单击"确定"按钮，在选区中填充茶叶的图案，把"混合模式"设为"强光"，如图 11-47 所示。

图 11-46　设置【图案填充】对话框参数　　　图 11-47　把"混合模式"设为"强光"

(13) 茶叶的颜色与底色比较融合，如图 11-48 所示。

(14) 在菜单栏中单击"视图"→"显示额外内容"命令，显示参考线。

(15) 创建"图层 2"，并把"前景色"设为褐色（R、G、B 值分别为 100、71、33）。

(16) 在工具箱中单击"多边形索套工具"按钮，连接图 11-49 中深棕色区域的顶点，建立选区。按<Alt+Delete>组合键，将选区填充为褐色。

 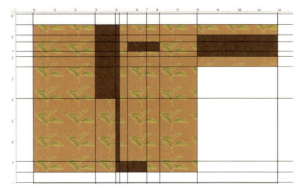

图 11-48　茶叶的颜色与底色比较融合　　　图 11-49　将选区填充为褐色

(17) 打开\素材\第 11 章\茶叶图像.jpg，双击"背景"图层，将其名称改为"图层 0"。

(18) 在菜单栏中选取"魔棒工具"按钮，选取白色的背景为选区。按<Delete>键，背景变为透明色，如图 11-50 所示。把茶叶图像拖入包装盒平面图中，如图 11-51 所示。

(19) 输入如图 11-52 所示的文字。

图 11-50　背景变为透明色

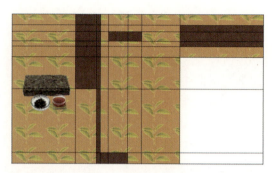
图 11-51　把茶叶图像拖入包装盒平面图中

图 11-52　输入文字

（20）在菜单栏中单击"视图"→"显示额外内容"命令，隐藏参考线。

（21）新建"图层 4"，建立一个矩形选区，如图 11-53 所示。

（22）在菜单栏中单击"编辑"→"描边"命令，在【描边】对话框中把"宽度"设为 3 像素、颜色设为红色，对"位置"选取"居中"。设置完毕，单击"确定"按钮，得到红色描边效果，如图 11-54 所示。

图 11-53　建立一个矩形选区

图 11-54　红色描边效果

2. 茶叶盒透视图

（1）创建一个新文件，把"预算详细信息"设为"茶叶盒透视图"。把"宽度"值设为 12、"高度"值设为 8，单位为厘米；把"分辨率"设为 300 像素/英寸，对"颜色模式"选取"RGB 颜色，8 位"、"背景内容"选取"白色"。

（2）打开"茶叶盒平面图.PSD"，在【图层】面板中选取除"背景"图层以外的其他图层，按<Ctrl+Alt+E>组合键，把所有选中的图层合并成一个新的图层，把它命名为"图层 4（合并）"，保留原图层不变，如图 11-55 所示。

（3）只显示"图层 4（合并）"，隐藏其他图层，效果如图 11-56 所示。

图 11-55　创建"图层 4（合并）"　　　图 11-56　只显示"图层 4（合并）"，隐藏其他图层

（4）单击"矩形选框工具"按钮，在工具设置栏中对"样式"选取"固定大小"，把"宽度"值设为 4、"高度"值设为 7.5，单位为厘米。沿左边区域建立一个矩形选区，如图 11-57 所示。

（5）将选区拖入"茶叶盒透视图"中，然后在菜单栏中单击"编辑"→"变换"→"斜切"命令，配合使用<Ctrl>键和<Alt>键，将其调整为透视图效果，如图 11-58 所示。

图 11-57　沿左边区域建立一个矩形选区　　　图 11-58　调整为透视图效果

(6) 单击"矩形选框工具"按钮，在工具设置栏中对"样式"选取"固定大小"，把"宽度"值设为 3.8、"高度"值设为 7.5，单位为厘米。沿中间的区域建立一个矩形选区，如图 11-59 所示。

(7) 将选区拖入"茶叶盒透视图"中，然后在菜单栏中单击"编辑"→"变换"→"斜切"命令，配合使用<Ctrl>键和<Alt>键，将其调整为透视图效果，如图 11-60 所示。

图 11-59 沿中间区域建立一个矩形选区　　　图 11-60 调整为透视图效果

(8) 单击"矩形选框工具"按钮，在工具设置栏中对"样式"选取"固定大小"，把"宽度"值设为 4、"高度"值设为 7.5，单位为厘米，沿右边区域建立一个矩形选区，如图 11-61 所示。

(9) 将选区拖入"茶叶盒透视图"中，然后在菜单栏中单击"编辑"→"变换"→"斜切"命令，配合使用<Ctrl>键和<Alt>键，将其调整为透视图效果，如图 11-62 所示。

图 11-61 沿右边区域建立一个矩形选区　　　图 11-62 调整为透视图效果

(10) 创建"图层 4"，单击"矩形选框工具"按钮，在工具设置栏中对"样式"选取"固定大小"，把"宽度"值设为 3、"高度"值设为 0.8，单位为厘米。在透视图的上方建立一个选区，并把它填充为褐色（R、G、B 值分别为 100、71、33），如图 11-63

所示。

（11）在菜单栏中先单击"编辑"→"变换"→"斜切"命令再单击"编辑"→"变换"→"缩放"命令，配合使用<Ctrl>键和<Alt>键配合，将其调整为透视图效果，如图 11-64 所示。

（12）在工具箱中选取"多边形索套工具"按钮，建立一个三角形选区，如图 11-65 所示。

图 11-63　在透视图的上方建立一个选区　　图 11-64　调整为透视图效果　　图 11-65　建立一个三角形选区

（13）新建一个图层，把它命名为"图层 5"，并把"前景色"的 R、G、B 值分别设为 200、145、80。

（14）在工具箱中选取"渐变工具"按钮，在【渐变编辑器】对话框中选取"从前景色到透明色渐变"选项，从左下角到右上角拉出一条斜线，如图 11-66 所示。

（15）重复三次从左下角到右上角拉出一条斜线，得到从浅灰色到透明色渐变效果，填充选区后的效果如图 11-67 所示。

图 11-66　从左下角到右上角拉出一条斜线　　图 11-67　填充选区后的效果

(16）新建一个图层，把它命名为"图层6"，在工具箱中选取"多边形索套工具"按钮，建立一个三角形选区，如图11-68所示。

（17）按上述方法，进行渐变填充，填充选区后的效果如图11-69所示。

图11-68　建立一个三角形选区

图11-69　填充选区后的效果

（18）在【图层】面板中选取"图层1～图层6"，按<Ctrl+Alt+E>组合键，将所有选中的图层合并成一个新的图层，把它命名为"图层6（合并）"，保留原图层不变。

（19）在工具箱中选取"移动工具"按钮，将复制的图像移到合适的位置，生成的透视图效果如图11-70所示。

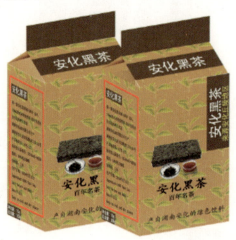
图11-70　透视图效果

11.3　教材封面设计

1. 教材封面平面图

（1）创建一个新文件，把"预算详细信息"设为"教材封面平面图"、"宽度"设为10cm、"高度"设为6.55cm、"分辨率"设为300像素/英寸，对"颜色模式"选取"RGB

颜色，8位"，"背景内容"选取"白色"，并把它填充为深红色，即R、G、B值分别为170、25、20。

（2）在菜单栏中选取"视图→标尺"命令，在屏幕上显示纵向标尺和横向标尺。

（3）把光标放在标尺栏中，按住鼠标左键，往屏幕中心拖动光标，绘制5条水平参考线和6条竖直参考线。水平参考线对应的标尺分别是0、2.85、3.4、4.35、6.55，竖直参考线对应的标尺分别是0、0.6、4.05、4.65、5.3、10，如图11-71所示。

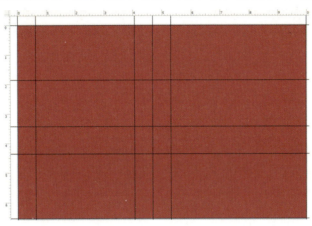

图11-71　绘制若干水平垂直参数线

（4）创建"图层1"，单击"矩形选框工具"按钮，建立一个选区，如图11-72所示。

（5）把"前景色"设为淡蓝色（R、G、B值分别为15、10、240），在工具箱中选取"渐变工具"按钮，在【渐变编辑器】对话框中选取"从前景色到透明色渐变"选项，从上向下拉出一条竖直线，得到渐变填充效果，如图11-73所示。

图11-72　建立一个选区

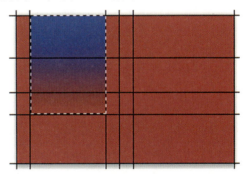

图11-73　得到渐变填充效果

（6）创建"图层2"，单击"矩形选框工具"按钮，建立一个选区，如图11-74所示。

（7）将"前景色"设为淡红色（R、G、B值分别为165、50、48），按<Alt+Delete>组合键，填充淡红色效果如图11-75所示。

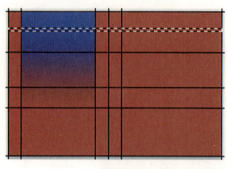
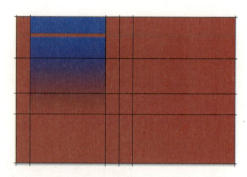

图 11-74　建立一个选区　　　　　图 11-75　填充淡红色效果

（8）按住<Alt>键，向下拖动上一步骤填充的选区，复制一个淡红色区域，使两条淡红色之间的距离为 0.25cm，如图 11-76 所示。

（9）重复拖动淡红色区域，共生成 13 个淡红色区域，如图 11-77 所示。

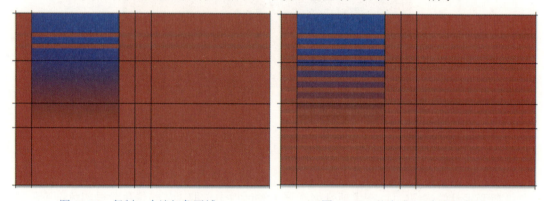

图 11-76　复制一个淡红色区域　　　　　图 11-77　共生成 13 个淡红色域

（10）在【图层】面板中将淡红色条的图层合并，把它命名为"图层 2"。

（11）打开"三字经插图 5.jpg"和"三字经插图 2.jpg"，分别把它们拖入插图，如图 11-78 所示。

（12）输入"三字经"文本，字体为"楷体"，"大小"为 50 点，如图 11-79 所示。

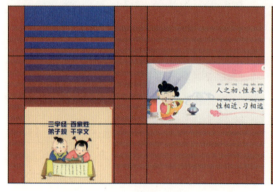

图 11-78　分别拖入插图　　　　　图 11-79　输入"三字经"文本

(13)在【图层】面板中双击"三字经"图层栏的空白处,在【图层样式】对话框中选取"外发光"选项,对"混合模式"选取"滤色",把"不透明度"为100%、"杂色"设为0、"设置发光颜色"设为白色;对"方法"选取"柔和",把"扩展"设为8%、"大小"设为28像素、"范围"设为50%,"抖动"设为25%。

(14)单击"确定"按钮,文字产生发光的效果,如图11-80所示。

(15)创建"图层5",建立圆形选区,并把它填充为白色,如图11-81所示。

图11-80 文字产生发光的效果

图11-81 建立圆形选区,并把它填充为白色

(16)在【图层】面板中双击"图层5"图层栏的空白处,在【图层样式】对话框中选取"描边"选项,把"大小"设为8像素,对"位置"选取"外部"、"混合模式"选取"正常";把"不透明度"为100%、"颜色"的R、G、B值分别设为255、100、0。选取"投影"选项,在【投影】对话框中对"混合模式"选取"正片叠底",把"不透明度"设为75%、"角度"设为90°、"距离"为15像素、"扩展"设为0、"大小"设为13像素。

(17)单击"确定"按钮,白色圆产生描边和投影效果,如图11-82所示。

(18)按住<Alt>键,拖动白色圆,复制出4个白色圆,如图11-83所示。

图11-82 白色圆产生描边和投影效果

图11-83 复制出4个白色圆

(19)在【图层】面板中选取5个白色圆的图层,单击鼠标右键,在弹出的快捷菜单中单击"合并图层"命令,并把它改名为"图层5"。

(20)输入文本"从小要学会",字体选取黑体,"大小"为12点,文字效果如图11-84所示。

(21) 创建"图层 6",建立一个选区,并把它填充为黄色(R、G、B 值分别为 255、255、0),如图 11-85 所示。

图 11-84　输入文本"从小要学会"

图 11-85　建立一个选区,并把它填充为黄色

(22) 输入文字"中国传统教育　小孩的启蒙读本",字体选取黑体,颜色为红色,大小为 9 点,文字效果如图 11-86 所示。

(23) 创建"图层 7",建立 3 个选区,并把它们填充为黄色(R、G、B 值分别为 255、255、0),如图 11-87 所示。

图 11-86　输入文字

图 11-87　建立 3 个选区,并填充为黄色

(24) 在黄色的选区中输入文字,如图 11-88 所示。

图 11-88　输入文字

(25) 在侧脊建创 5 个小一些的白色圆,输入文字。

(26) 在封底导入二维码图像,输入文字,如图 11-89 所示。

图 11-89　输入其他文字

2. 教材封面透视图

（1）创建一个新文件，把"预算详细信息"设为"教材封面透视图"。把"宽度"值设为10、"高度"值设为10，单位为厘米；把"分辨率"设为300像素/英寸，对"颜色模式"选取"RGB 颜色，8 位"、"背景内容"选取"白色"。

（2）打开"学生桌.jpg"，在工具箱中选取"快速选择工具"按钮，选中桌面后，再把它拖进来，如图 11-90 所示。

（3）打开"教材封面平面图.psd"，按住<Shift+Ctrl+Alt+E>组合键，合并所有图层，并且保留原图层。

（4）隐藏图层，只显示合并后的图层。在工具箱中单击"矩形选框工具"按钮，选中封面的图像后，再把拖进来，并调整其大小，如图 11-91 所示。

图 11-90　选中桌面后再拖进来　　　　图 11-91　选中封面的图像后，再拖进来

（5）在菜单栏中先单击"编辑"→"变换"→"斜切"命令再单击"编辑"→"变换"→"缩放"命令，配合使用<Ctrl>键和<Alt>键配合，将封面调整为透视图效果，如图 11-92 所示。

提示：为了操作方便，应显示标尺，拉出辅助线。

图 11-92 将封面调整为透视图效果

（6）拖入平面图的背脊图像，并调整其形状，如图 11-93 所示。

（7）新建"图层 4"，在工具箱中选取"多边形索套工具"按钮 ，将建一个选区，并把它填充为白色，形成教材正面的透视图效果，如图 11-94 所示。

图 11-93 拖入平面图的背脊图像

图 11-94 教材正面透视图效果

（8）将平面图的封底图像拖入，并调整其形状。为了更好地做出透视图效果，最好是先画辅助线，将封底摆放成透视方向，如图 11-95 所示。

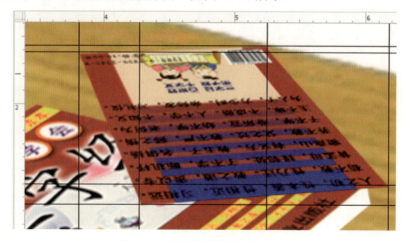

图 11-95 将封底摆放成透视方向

（9）拖入平面图的背脊图像，并调整其形状，如图 11-96 所示。

图 11-96　拖入平面图的背脊图像

（10）新建"图层 7"，在工具箱中选取"多边形索套工具"按钮，创建一个选区，并把它填充为白色，形成教材背面的透视图效果，如图 11-97 所示。

图 11-97　教材背面的透视图效果

第 12 章 制作婚纱广告

本章以制作婚纱广告封面为例,详细讲述通道抠图的基本方法,并介绍制作婚纱广告的一般流程。

(1)打开\素材\第 12 章\12-5.jpg,在工具箱中单击"钢笔工具"按钮 ,在工具设置栏中选取"路径",如图 12-1 所示。

图 12-1 在工具设置栏中选取"路径"

(2)沿人物轮廓建立选区,勾画人物轮廓如图 12-2 所示。

提示:因为人物轮廓不清晰,所以可以近似勾画出人物轮廓。

(3)在【通道】面板中,单击"将选区存储为通道"按钮 ,创建"Alpha 1"通道,如图 12-3 所示。图像变成黑、白两种颜色,选区颜色为白色,其他区域的颜色为黑色,如图 12-4 所示。

图 12-2 勾画人物轮廓　　图 12-3 创建"Alpha 1"通道　　图 12-4 图像变成黑、白两种颜色

(4)按<Ctrl+D>键,取消选区。

(5)逐一选取"红通道""绿通道""蓝通道",三种通道的图案如图 12-5 所示。

（a）"红通道"的图案　　　　（b）"绿通道"的图案　　　　（c）"蓝通道"的图案

图 12-5　三种通道的图案

（6）对比三种通道的图案，其中"红通道"图案的颜色对比最明显，选取"红通道"进行计算。

（7）选中"红通道"，单击鼠标右键，在弹出的快捷菜单中单击"复制通道"命令，生成"红 拷贝"通道，如图 12-6 所示。

（8）选中"RGB 通道"，显示彩色的图案，在工具箱中单击"钢笔工具"按钮，在工具设置栏中选取"路径"，先沿人物和婚纱轮廓创建一条封闭路径（见图 12-7），再沿内轮廓创建另一条封闭路径（见图 12-8）。

图 12-6　得到"红 拷贝"通道　　　图 12-7　沿人物和婚　　　图 12-8　沿内轮廓建立路径
　　　　　　　　　　　　　　　　　纱轮廓建立路径

（9）按<Ctrl+Enter>组合键，建立选区。若所创建的选区没有选中内轮廓（见图 12-9），则不符合要求，需按<Ctrl+Alt+Z>组合键，退到上一步。

（10）在工具箱中选取"路径选择工具"按钮，在工具设置栏中选取"减去顶层形状"选项，如图 12-10 所示。

图 12-9　没有选中内轮廓

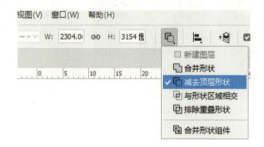

图 12-10　选取"减去顶层形状"选项

（11）再次按<Ctrl+Enter>组合键，建立选区，如图 12-11 所示。

（12）在菜单栏中单击"选择"→"反选"命令，选取人物和婚纱轮廓以外的区域。

（13）在【通道】面板中选取"红 拷贝"通道，按<Alt+Delete>组合键，把它填充为黑色，如图 12-12 所示。

图 12-11　建立选区

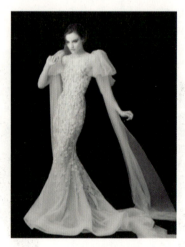

图 12-12　把选区填充为黑色

（14）在菜单栏中单击"图像"→"计算"命令，在【计算】对话框中对"源 1"选取"12-1.jpg"，"图层"选取"背景"、"通道"选取"红 拷贝"；对"源 2"选取"12-1.jpg"、"图层"选取"背景"、"通道"选取"Alpha 1"、"混合"选取"相加"、"结果"选取"新建通道"，如图 12-13 所示。

图 12-13　设置【计算】对话框参数

（15）单击"确定"按钮，得到计算后的图像，如图 12-14 所示。
（16）在【通道】面板中创建"Alpha 2"通道，如图 12-15 所示。

图 12-14　得到计算后的图像

图 12-15　创建"Alpha 2"通道

（17）在菜单栏中单击"图像"→"调整"→"色阶"命令，在【色阶】对话框中对"通道"选取"Alpha 2"通道，将"中间值"设为 0.8，如图 12-16 所示。

图 12-16　选取"Alpha 2"通道，将"中间值"设为 0.8

（18）单击"确定"按钮，图像中的婚纱变得更加透明，如图 12-17 所示。

（19）按<Ctrl>键，单击"Alpha 2"通道的缩览图，得到选区。再选取 RGB 通道，然后切换到【图层】面板中，双击"背景"图层，将其转化为"图层 0"，如图 12-18 所示。

（20）在【图层】面板的下方单击"添加图层蒙版"按钮 ，初步抠出人物和婚纱的图像，如图 12-19 所示。

（21）选择"画笔工具"按钮 ，将"前景色"设为黑色，用画笔在人物头发上涂抹，恢复头发的轮廓。

图 12-17　婚纱更加透明　　图 12-18　双击"背景"图层将其转化"图层 0"　　图 12-19　初步抠出人物和婚纱的图像

（22）创建一个新文件，把"预设详细信息"设为"新娘婚纱照"、把"宽度"值设为 24、"高度"值设为 16，单位为厘米；把"分辨率"设为 300 像素/英寸，对"颜色模式"选取"RGB 颜色，8 位"，对"背景内容"选取"白色"。

（23）将"前景色"的 R、G、B 值分别设为 60、215、250，在【图层】面板中单击"创建新图层"按钮 ，创建"图层 1"，并把它填充为红色（R、G、B 值分别为 255、0、0），如图 12-20 所示。

（24）打开\素材\第 12 章\12-2.jpg，并把它拖入当前图像中。图像自动放在"图层 1"中，图像颜色较浅，如图 12-21 所示。

（25）选中"图层 1"，把"混合模式"设为"强光，如图 12-22 所示。设置之后，图像颜色加深，如图 12-23 所示。

（26）单击"横排文字工具（T）"按钮 ，单击工具设置栏的"切换字符和段落面板"按钮 ，在【字符】面板中设置文字的参数，如图 12-24 所示。其中颜色为青色（R、G、B 值分别为 0、255、255）。输入文字，如图 12-25 所示。

第 12 章 制作婚纱广告

图 12-20 把选区填充为红色

图 12-21 图像颜色较浅

图 12-22 把"混合模式"设为"强光

图 12-23 图像颜色加深

图 12-24 设置文字的参数

图 12-25 输入文字

（27）将新娘的图像拖进来，如图 12-26 所示。
（28）在【图层】面板中复制"图层 2"，生成"图层 2 拷贝"，如图 12-27 所示。

217

图 12-26　将新娘的图像拖进来　　　　　图 12-27　生成"图层 2 拷贝"

（29）选中"图层 2 拷贝"，在菜单栏中单击"编辑"→"变换"→"水平翻转"命令，并将图像水平翻转后移到合适的位置，如图 12-28 所示。

图 12-28　将图像水平翻转后移到合适的位置

（30）打开\素材\第 12 章\12-3.jpg，并把它拖入当前图像中，插入另一张图像如图 12-29 所示。

图 12-29　插入另一张图像

（31）打开\素材\第 12 章 12-4.jpg，打开的图像如图 12-30 所示。

（32）将"前景色"设为青色（R、G、B 值分别为 0、255、255），先选取"图层 1"，然后在菜单栏中单击"选择"→"色彩范围"命令，用吸管工具在红色文字上面单击一下。单击"确定"按钮，选取红色文字作为选区。最后按<Alt+Delete>组合键，将文字填充为青色，如图 12-31 所示。

（33）将"前景色"设为黑色，先选取"图层 1"，然后在菜单栏中单击"选择"→"色彩范围"命令，用吸管工具在黑色文字上面单击一下。单击"确定"按钮，选取黑色文字为选区。然后按<Alt+Delete>组合键，将黑色文字颜色加深，如图 12-32 所示。

图 12-30　打开的图像　　　　图 12-31　将文字填充为青色　　　　图 12-32　将黑色文字颜色加深

（34）在工具箱中选取"修剪工具"按钮 ，将右边的图像修剪掉，只保留左边的图像，如图 12-33 所示。然后把文字拖入婚纱广告中，如图 12-34 所示。

 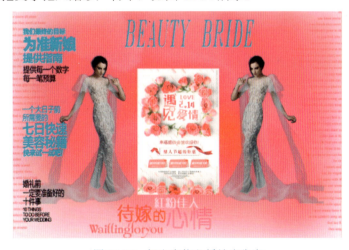

图 12-33　只保留左边的图像　　　　　　图 12-34　把文字拖入婚纱广告中

（35）把图像切换到 12-4.jpg，按<Ctrl+Alt+Z>组合键，撤销上一次的修剪命令。在工具箱中选取"修剪工具"按钮 ，将左边的图像修剪掉，只保留右边的图像，如

图12-35所示。并把文字拖入婚纱广告中，如图12-36所示。

图12-35　只保留右边的图像　　　　　　图12-36　把文字拖入到婚纱广告中

第 13 章 制作电子相册/视频

（1）打开\素材\第 13 章\13-5.jpg，在菜单栏中单击"图像"→"图像大小"命令。在【图像大小】对话框中把"宽度"值设为 16.02、"高度"值设为 11.99，单位为厘米；把"分辨率"设为 72 像素/英寸，如图 13-1 所示。

图 13-1　设置【图像大小】对话框参数

（2）单击"确定"按钮，重新设定图像的大小。

（3）采用相同的方法，设定其他 9 个图像的大小，目的是使 10 个图像的大小一致。

（4）创建一个新文件，把"宽度""高度""分辨率"分别设为 16cm、12cm、72 像素/英寸；对"颜色模式"选取"RGB 颜色，8 位"，"背景内容"选取"白色"。

（5）单击 Photoshop CC 2019 工作界面右侧的"√"按钮，在弹出的快捷菜单中单击"动感"命令，如图 13-2 所示。

图 13-2　在弹出的快捷菜单中单击"动感"命令

(6)单击屏幕下方的"视频时间轴",如图 13-3 所示。

图 13-3 单击屏幕下方的"视频时间轴"

(7)再在操作界面左下角的"图层"栏中单击"√"按钮,选取"添加媒体"命令,如图 13-4 所示。

图 13-4 选取"添加媒体"命令

(8)打开\素材\第 13 章文件夹中的 10 个文件,把它们拖入"视频组 1"中,并排列好,创建"视频组 1"如图 13-5 所示。

图 13-5 创建"视频组 1"

(9)在【图层】面板中删除"图层 0"。
(10)单击"播放"按钮"▶",即可播放图像。此时播放图像,没有音乐。
(11)在操作界面左下角的"音轨"栏中单击"√"按钮,选取"添加音频"命令,如图 13-6 所示。然后,把素材\第 13 章\"明天会更好.mp3"添加进来。

图 13-6 选取"添加音频"命令

(12)单击"播放"按钮▶,即可一边播放图像,一边播放音乐。
(13)若导入的是若干视频文件,则可以播放视频。